「儲かる農家のオンラインスクール」主宰
高津佐 和宏

年収1000万円のプロ農家は「これ」を大切にしている！

# 金持ち農家 貧乏農家

かんき出版

## はじめに

本書を手に取ってくださり、ありがとうございます。農業経営コンサルタントの高津佐和宏と申します。

この本は、これまで私が出会ってきた約１０００人の農家たちとの交流から生まれた「儲かる農家」になるためのエッセンスをまとめた1冊です。

本書を読むことで、**新規就農の失敗を防ぎ、儲かっていない農家の利益を増やすことができます。**

### ●1000人の農家のうち、年収1000万円は36人

以前から職業としての「農業」が注目されています。その数は、年々増えており、首都圏を中心に新規就農者向けの就農イベントが多く開催され、私たちが主催している新規就農者向けのオンラインスクールでも、毎年１５０人近くの説明会への参加や資料請求があ

ります。

実際に、ＪＡ共済連が全国の10代から50代を対象に行った「農業に関する意識・実態調査（令和６年春）」によると、「地方暮らし」を希望する人も多数おり、農業未経験のＺ世代（15～27歳）の４人に１人が**「農業をやってみたい」**と回答。さらに、就職意向のある学生の約28％が**「就農の可能性あり」**と回答しています。また、副業や兼業を希望する人のうち約43％が**「農業に携わる可能性あり」**と答えています。

しかし、**実際に農業で生計を立てている人はどれくらいいるのでしょうか。**「新規就農者の就農実態に関する調査結果（令和３年度）」によると、**新規就農から10年以内で農業所得のみで生計を立てている人はわずかに38・１％、残りの61・９％は農業だけで生活が成り立たない**と回答しています。

一方で、**新規就農から10年以内で、農業所得（会社員でいうと給与総額）が、５００万円以上の新規就農者は全体の10・５％、１０００万円以上の新規就農者も２・９％います。**新規就農５年以上に限れば、**所得５００万円以上は14・４％、所得１０００万円以上は**

**3・6%となります。**

「稼げる農家」「稼げない農家」**両者の違いを解説し、その対策をまとめたのが本書になります。**

すべての人が、農業で稼げるとは言いませんが、サラリーマンで1000万円を稼ぐよりは、自分の努力で、**しかもより若くして稼げる可能性があります。**

私が、多くの農業経営者の確定申告を見せてもらって経営分析をしてきた結果からお伝えしますと、世帯収入（たとえば夫婦で農業をする場合）で1000万円を超える農家はたくさんいますし、個人の所得でも農業経営で2000万円を稼ぎ出している農業経営者も実際にいます。

田舎暮らしですので、生活コストが安い分、都会で稼ぐサラリーマンより実際にはいい生活をしているのではないでしょうか。Facebookや Instagramで見かける農家仲間の多くは、農閑期（農作業が一段落している時期）に、家族旅行を楽しむ投稿をよく見かけます。

## ●日本一の有料スクールを立ち上げる

少し自己紹介をさせてください。

私は現在、YouTubeチャンネル「**農家の学校**」を配信しています。農業というニッチな分野にもかかわらず登録者数1万人を超え、現在は音声ラジオでも毎日配信をしています。また、主宰する「**儲かる農家のオンラインスクール**」には、北海道から沖縄まで250名近くの有料メンバーが参加してくれています。これは有料スクールとしては、日本一の規模だと思います。

私が生まれた実家は、専業農家でした。

農業高校に進学し、大学を卒業後に**JA宮崎経済連**に就職。将来は農業をするかもと思いながら過ごしていましたが、弟が農業をしたいと言ってきたので実家の農業は弟夫婦が立派に跡を継いでいます。

JAでは、農業機械部門、マーケティング担当、業務加工用野菜の営業、大阪営業所での勤務を経て、配属されたのが「冷凍野菜工場の立ち上げの準備室」。子会社を設立し、工場建設のための補助金申請、融資の段取りなどを行いました。完成後は、その工場でカット野菜事業を新規で立ち上げ、全部門（原料調達から販売）と冷凍野菜の製造部門を統括。激務に身体を壊しつつも、カット野菜部門は3年で4億円の売上になり、冷凍野菜の売上も伸び、工場（会社）で15億円の売上と黒字化を達成しました。

このように生まれてからずっと「農業」が近くにあり、子どもの頃、高校、大学、そしてJA時代と多くの農家を見てきました。その中である疑問が湧いてきました。

それは、同じ地域で同じように農業をしていても、儲かっている農家とそうでない農家がいること。一見、同じことをやっているように見えるのに、跡継ぎがいて農業経営を継続できる人と農業を辞めていく人がいること。この違いはどこにあるのか？　そして、**この答えこそが農業経営に悩んでいる農家やこれから農業に挑戦する人が一番知りたいことではないか**と考えました。

2018年に15年勤めたJAを退職し、独立した私は、農業経営コンサルタントとして「儲かっている農家」と「儲かっていない農家」の違いを言語化し、SNSなどを通じて多くの人に届ける仕事をしています。

「儲かっている農家」がなんとなくやっていることを言語化し、できるだけわかりやすい言葉で伝えることで、農業で稼ぐコツに気がついてもらい、行動を変えていくことが目的です。意識の高い、儲かっている農家とのやりとりの過程で、私自身も多くの気づきを得てきました。

この本は、農業で成功するために必要なことを、実際に成功している農家の言葉で「農業生産」「販売」「お金と時間」「経営」などの章として分類し、体系化しました。

## ●2030年までが就農のチャンス

実は、個人が農業に参入する最後のチャンスは2030年頃まででではないかと思っています。現在の農家は急速に高齢化が進み、年齢や体力的な問題で離農する人がますます増えます。数年前までは100万以上あった農業経営体ですが、現在は80万経営体ぐらいになっています。そして、将来的には20～30万経営体になる見通しです。

そうなると、どうなるか？　1つの農業経営体が大規模化し、ゼロからの新規就農では太刀打ちできない業界になる可能性が高いのです。つまり、数億円規模の資本投資ができなければ農業を始めることができない時代を迎えると考えています。

将来は、農業で独立したくても、その選択肢さえもなくなる可能性があります。一人でも多くの人に、この農業を選択できる最後のチャンスを掴み、農業を選んだ道を正解にするためのヒントを受け取ってほしいと願っています。

農業を志す人からの相談もよく受けます。その時に話すのが、

「これから数十年後にやっぱり農業やっておけばよかったなとか、実は農業やりたかったんだよなーという気持ちになるくらいなら、農業をやりましょう。農業することを本気で検討しましょう。たった一度の人生、モヤモヤするくらいならやったほうがいい」

ということです。私はいつも無責任にそう言い切ります。

そして、農業を選択したら、それが正解だったか失敗だったかではなく、農業を選択したことを正解にするしかないのです。

そのために、農業で成功している金持ち農家がどんなことを考え、どんな行動をしているかを学んでください。そうすることで、農業で成功するための考え方が身につきます。儲かっている農家は、自分自身の考え方や行動原則を隠したりはしません。ですからこそ、まずはこの本で、金持ち農家のことを学んでほしいと思います。

２０２４年９月

著者

# 第1章 金持ち農家の「農業生産」

第 2 章

# 金持ち農家の「販売」

第3章

# 金持ち農家の「お金と時間」

## 第4章 金持ち農家の「農業経営」

第5章

# 貧乏農家はどうやって金持ち農家になるのか?

デザイン……ソウルデザイン（鈴木大輔・仲條世菜）
イラスト……大嶋奈都子
企画協力……ブックオリティ
ＤＴＰ……オフィスサザイ

第1章

# 金持ち農家の「農業生産」

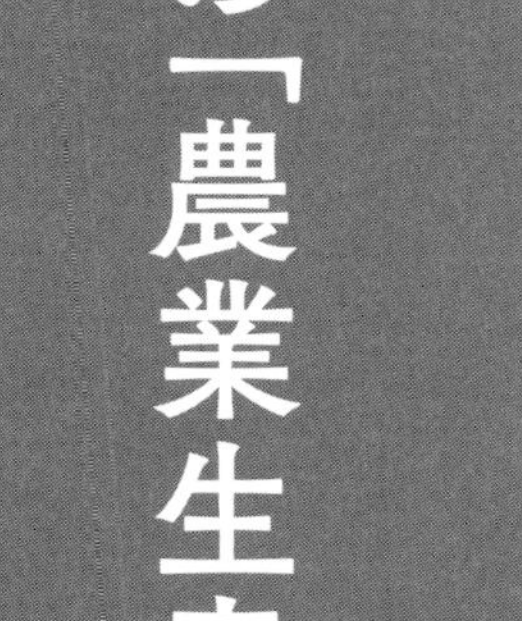

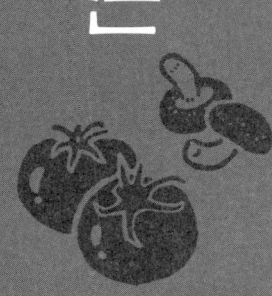

金持ち農家は
貧乏農家は

# 「プロ農家」に学び、「なんちゃって農家」の情報を鵜呑みにする

「YouTubeで○○農法というのを見たのですが、どう思いますか？」
儲かっていない農家や新規就農者と話をするとよく出てくる質問です。
SNSで情報収集をすることは、悪くはありませんが、その情報の良し悪しを見極めることが必要です。

では、とくに**どこを見て情報の質を判断すればいいのでしょうか**。
判断基準は、その情報が誰に向けて発信されているかをチェックすることです。私の感覚では、SNS、とくにYouTubeで発信されている農業系の情報は、家庭菜園向けがほとんどだと見ています。90％は家庭菜園を楽しむ方向けの情報であり、それらは農業で生計を立てているプロ農家向けの情報ではありません。

その理由として、次のような点が挙げられます。

◆家庭菜園向けに発信したほうが再生数が伸びやすい
◆YouTubeでの配信を目的に農業をやっている人が多い
◆そもそも、金持ち農家はYouTubeをやる理由がない（農業と動画配信の両立は大変）

プロが見れば、**「この農家は儲かっていない」**ということは瞬時にわかります。たとえば、動画の背景に映る畑を見ても、雑草が伸び放題で管理が行き届いていなかったり、栽培管理もけっして上手ではない様子が見て取れます。

**家庭菜園を楽しむ方限定に発信していることを明言している動画からは、プロ農家にとって参考になる情報は得られない**と考えるべきでしょう。

農業初心者や就農前の方だと、こういった判断が難しいかもしれません。それでも簡単にプロ農家向けか、家庭菜園向けかを判断する方法が3つあります。

1つ目は、**「配信者が『家庭菜園』という言葉を使っていないか」**ということ。「家庭菜園では」「家庭菜園の場合には」といった言葉が出てくる場合は、「家庭菜園」をする人を前提にした内容ということです。

2つ目は、**視聴者の属性がプロ農家ではなくて、趣味で家庭菜園を楽しむ人が多いかどうか。**これは、コメント欄を見ればわかります。家庭菜園を楽しみたい方が多く訪れることは、家庭菜園向けのチャンネルになっていることの表れです。

3つ目は**「思想的」な情報が多くないか？**　ということ。政治的であったり、有機農業や自然栽培を過度に妄信していないか。最近は、食料危機が起きるというような、不安を煽《あお》る情報を配信する農家のチャンネルも多く見られるようになりました。これらは、農業よりも自分の思想を広めることを目的にしているので、実用的な情報は皆無です。

あなたは、プロ農家になりたいのでしょうか？　それとも家庭菜園がしたいのですか？

**プロ農家になりたければ、プロ農家から学ぶようにしてください。**

そもそも、プロ農家はYouTubeなどで情報発信をする理由がありません。YouTubeで発信し続けることは大変です。その時間があれば、農場管理をしたり、営業をしたほうが儲かります。

では、有益な情報を教えてくれるプロ農家は、どう探せばいいのでしょうか？

プロ農家に学ぶ方法は、最近、利用が増えている**1日農業バイト**でいろいろな農家の農場で働いてみるのがいいでしょう。

すでに農業を始めている人は、YouTubeではなくて、FacebookやX（旧Twitter）で全国の農家と仲良くなってみてください。意外とみなさんSNSで交流しています。SNSで仲良くなったら、直接連絡を取って、会いにいくことをお勧めします。最初は、うまく話せなかったり、話している内容が理解できなかったりするかもしれません。でも、**理解できない部分があなたの伸び代**です。

新規就農して10年目のある農家は、農業をスタートして3年間はまったくうまくいかなかったそうです。何かが根本的に違うと感じて、**そこから全国の農家行脚を始めました。**最初は、言っていることが理解できなかったそうです。プロ農家なら誰でも知っている言葉を知らずに農業をしていたことにも気づいたとのこと。そこから、言葉の意味を調べ、科学的な知識、生物学的な知識も身につけて、今ではトップクラスの農家になっています。

大事なことは、**見聞きしたこと、学んだことを実践してみること。**聞いたことを鵜呑みにするのではなく、「なぜそうなるのか？」を考えて実際にやってみる。**儲かっている農家は、「あー、それやってみたけどね～」とよく口にします。**つまり、それだけいろいろなことを試して、その結果を検証しているのです。

誰でも最初からうまくいくことはありません。それでも情報を得る相手、学ぶ相手を間違えているといつまで経っても収入が上がることはありません。

まとめ
**金持ち農家は学ぶ人を間違えない**

金持ち農家は
貧乏農家は

# 「植物が育つロジック」を学び続け、「対症療法」でその場をしのぐ

金持ち農家と話をするといつも驚かされることがあります。それは「農業生産に対する生物学的・科学的知識が豊富」だということ。

私は、農家に生まれ、農業高校、そして大学の農学部、大学院と9年ほど座学中心に農業を学んできました。だからこそ、最低限の知識を備えていると思っていたのですが、金持ち農家は、それ以上に**実学としての農業生産に関する知識が豊富**です。

経歴を聞くと、高校も大学も農業系ではないのに、農業生産に対する知識をきちんと持っていて、**言語化して説明することができます**。

一方で、貧乏農家と話をすると、農業生産に対する生物学的・科学的知識を持ち合わせていないんだなと感じることが多い。会話の中に、「農業生産に対する生物学的・科学的

知識」の片鱗が見えないのです。つまり、「植物が育つロジック」を理解していません。ロジックがわかっていないから、対症療法的な方法論に終始するしかないのです。

農業では、土作り、肥料、病気、害虫、農薬、温度や二酸化炭素、光などの栽培環境や生産品目の特徴や品種特性、農業機械に至るまで、幅広い知識が求められます。そしてその知識は自分の農場の特徴に応じて使い分ける必要があります。たとえば、同じトマトを育てていても、土壌環境が違えば土作りの方法や肥料が変わりますし、品種が変われば温度管理も違ってきます。日本全国、農家の数だけ、いや農場の数だけ生産方法があるのです。Aさんがうまくいった方法がBさんの農場でうまくいくという保証はありません。

では、植物が育つロジックをどのように学べばよいのでしょうか。

まずは、基本を学びましょう。基本的な知識は、書籍で習得することができます。専門書なので少し高価なのと、言葉が難解なところがネックですが、金持ち農家になりたい人は必ず読んでください。たとえば、一般社団法人農山漁村文化協会（略称：農文協）は、農業関係の専門書を多数出版しています。また、誠文堂新光社の「図解でよくわかる」シリーズでは、「土・肥料のきほん」「土壌微生物のきほん」「病害虫のきほん」など、農業に必要な基礎知識がわかりやすくまとめてあります。注意すべき点として、「〇〇農法」とか「〇〇理論」というタイトルがついている本は初心者は避けたほうが無難です。これらは、基本を理解した人が読む応用編になるからです。

書籍以外で学ぶ方法は、**専門家やそれを生業にしている人から学ぶこと**。とくに、**農業生産資材会社の方や都道府県の農業普及指導員などが頼りになります**。

農業生産資材会社には、肥料会社や種苗会社、農薬会社、農業機械の会社、農業用施設の会社などがあります。そこに属している彼らは、農業生産資材を販売するために必要な知識を身につけているはず。とくに、自社の製品については熟知しているのでどんどん質問してみましょう。

都道府県には**農業改良普及センターという組織があり、そこには農業普及指導員という職員がいます**。簡単にいうと農家に農業生産の指導をする立場の方です。そして、各都道府県には農業試験場と呼ばれる施設・組織を持っているところがあります。農業が盛んなところには必ず設置されているはずです。そこには、農業の研究をしている職員がいますので、彼らから必要な知見を得ることが可能です。

農業生産を学ぶ際に重要なのは、**「なぜそうなるのか」というロジックを意識すること**。ここが金持ち農家と貧乏農家の境目。ロジックとは「論理の道筋」であり「理屈」です。

たとえば、ある病気が発生したとしましょう。

貧乏農家は、その病気に対する農薬の使い方など対症療法のみを聞いて対応しようとします。しかし、金持ち農家は、対症療法を実行しながら、なぜその病気が発生したのかを考えます。

病気の発生する環境、つまり温度帯や湿度について考えます。発生源はどこなのか？病原菌の種類は菌、カビ、ウイルスのどれか？　その病気が発生しやすい農場と発生していない農場の差はどこにあるのか？　そして、来年以降はどう対応すればよいのか？　農薬はどんな種類があって、どのような効果があるのか？　といったことを考察します。農薬の作用はただ病気を治療するというだけではありません。予防薬なのか、病気が発生した後に散布するものなのか？　農薬ひとつとっても効果が違います。

もし、農業生産で迷ったらどうすればいいのか。まずは気軽に相談できる相手として、JA指導員や農業普及指導員がいます。とくに農業初心者の方には大変頼りになりますので、活用してください。ただし、その地域での一般的な農作物の知識は十分にありますが、その地域で栽培されていない農作物の知識は不足しているかもしれません。

農家仲間の繋がりも助けになります。新規就農してうまくいっている農家の話を聞くなど、栽培でわからないところがあると、近くの先輩農家に相談に行くという方が多いです。同じ品目を作っている先輩農家で、相談できる人を数人持っておくといいでしょう。相談していくうちに、徐々に自分の農業生産の形ができていきます。

まとめ

**金持ち農家は生物学的・科学的知識が豊富**

## 金持ち農家は 植物が育つ環境を整え、
## 貧乏農家は 植物が育つ環境を整えない

あなたは、あなたが生産している作物の原産地を知っていますか？

たとえば、トマトの原産地は、南米のアンデス高原と言われています。ホウレンソウの原産地は、イランであると言われています。現在、私たちが食べている農産物のほとんどは何世紀もかけて世界中から日本に伝わってきたものです。**生まれた故郷が違えば、生育に適している環境も異なります。**

金持ち農家は、自分が生産している作物がどのような環境でストレスなく育ちやすいかを熟知しています。

作物は、種子の時点で**収穫できる最大量が遺伝的に決まっている**と言われていますが、発芽時や苗の時期、開花期、結実期、収穫直前などさまざまな生育ステージでストレスを

受け、その収穫量が減少します。

作物が受けるストレスは2つあります。**生物的ストレスと非生物的ストレス**です。

生物的ストレスとは、害虫や病気、雑草によるストレスのこと。非生物的ストレスとは、高温や低温、土壌環境の悪化、日照不足、大雨やかんばつなど、生物的ストレス以外を指します。種子の時点で収穫できる最大量を100とすると、生物的ストレスと非生物的ストレスを受けることで、100が70になり、50になり、収穫時点では、もともとの能力の30しか収穫できないケースもあります。

**金持ち農家は環境ストレスを上手に減らすことで、収穫量を100近くまで保つことができる**のです。

反対に、貧乏農家は、植物の状態を一生懸命見ようとしますが、「植物が育つ環境」については、意識が薄いように思います。つまり前項のように対症療法どまりです。栄養分が足りていないと思ったら、肥料を追加し、病害虫が発生したら農薬を散布し、雑草が生えても、植物に直接的に影響しないので除草をしません。この状態では、根本的な解決にならず、植物へストレスがかかりすぎてしまいます。植物が持つ本来の能力を活かしきれず、結果的に収穫量が落ち、秀品率（全体収量の中で良品が占める割合）が低下し、稼げない農家ができ上がるのです。

では、植物が育つ環境とはどんなものでしょうか。大きく分類すると、植物の地上部と地下部があります。地上部は**光、温度、湿度、酸素、二酸化炭素、風**などの環境があります。す。地下部は、**土壌環境**です。また、植物に対する害虫や益虫（植物の生育に対して利益をもたらす虫のこと）、目に見えない細菌やカビ、ウイルスなども地上部そして土壌中の地下部には無数に存在します。土壌細菌も植物の生育にとってプラスになる菌もいればマイナスになる菌もいます。プロ農家たちは、この植物が育つ環境をコントロールできるものはコントロールし、コントロールできないものとは上手に付き合い、植物の能力をできるだけ100％に近い形で発揮できるように努めています。

ここで勘違いしてはいけないことがあります。それは、自然環境だからコントロールしにくいのであって、自然から隔離した植物工場などで生産すればいいのではないかという考え方です。実際には、自然環境下で植物の栽培をするより、完全に自然から隔離された人工環境下で栽培するほうが数倍も難しいのです。その理由は、完全人工環境下での栽培では、ほんの少し環境にズレが生じただけでうまく育たないといったことが起きるからです。空調管理が少しずれてしまって全滅してしまったり、病害虫の侵入を許してしまい全滅してしまったという話を聞きます。養分供給が途切れたり配合を間違えるなども起こり得ることです。**植物が育つ環境を人工的に整えるのは想像以上に難しいのです。**実際に、完全人工光型の植物工場が、食料生産の主流になっていないことからもわかると思います。

話が少し脱線しましたが、**金持ち農家が意識していることは、植物の状態を観察しながら、植物が育つ環境を整えることです。**もちろん、すぐに対処しないといけないことがあれば、追肥をしたり、農薬散布をしたりします。でも、養分欠乏が起きた原因、病害虫が発生した原因は、その「環境」にあります。その原因を突き止めて事前に対策をすることで、植物が育つ環境を整えることが可能になるのです。

まとめ

**金持ち農家は植物が育つ環境を整えることに重きを置く**

# 金持ち農家は「雑草がないのに」雑草を取り、貧乏農家は「雑草を見ても」雑草を取らない

私が小さいとき、祖母がいつも畑の中で「草取り」をしていた記憶があります。

「また、こんなに草が生えて……」と言いながら、毎日毎日「草取り」をしていました。

1697年頃に宮崎安貞《みやざきやすさだ》によって書かれた「農業全書」に、次のような「上農」の教えがあります。

**上農は草を見ずして草をとり**
**中農は草を見て草をとり**
**下農は草を見て草をとらず**

つまり、

**上農（農業生産が上手な人）は、草がないときから雑草管理をする**
**中農（農業生産が普通レベルの人）は、草が生えたら、草を取る**
**下農（農業生産が下手な人）は、草を見てもそのまま放置して草を取らない**

土作りのスペシャリストで、農業コンサルタントの潮田武彦氏は、

**「雑草をそのままにしておくと、生産品目との養分の競合だけでなく、害虫や病気の温床になる。害虫や病気は、農場の周りにある雑草から侵入してくるのです」**

と言って、支援する農家には雑草管理を徹底するよう指導しています。

有機農業を実践する方で、「有機農業だから雑草は生えていて当たり前だ」とおっしゃる方がいますが、私はこの言葉にずっと疑問を抱いていました。農法は違っても、経済活動として農業をする以上、作物を育てる基本は同じはずです。

あるとき、共通の知人の紹介で、有機農業を10年以上実践している農業生産法人を訪ね

たことがあります。

少し話をして農場に案内されると、なんと雑草がほとんど生えていないのです。つまり、雑草管理が徹底されていました。

「有機農業を実践する方は雑草が生えるのは当たり前とおっしゃる方が多いですが、なぜ雑草が生えていないのでしょうか？」と質問すると、

**「有機農業だから雑草が生えていて良いわけはありません。雑草管理は慣行農業でも、有機農業でも、基本中の基本です」**と回答をいただきました。

「では除草剤なども使わずどうやって雑草管理をしていますか？」と聞くと、

**「頑張って人の手で管理していますよ。農場周りは定期的に草刈りして、農場内は細やかにトラクターで耕運することで雑草は少なくなっていきます」**とお答えいただきました。

これこそが、**「上農」の農業生産であり雑草管理に対する考え方**なのだなと感銘を受けました。


一方で、生産している作物より雑草のほうが勢いよく茂っている田畑を見かけます。有機農業の田畑だけでなく、慣行農業の田畑でも見かけます。すると、「下農」なんだとが

っかりします。

畑の中の雑草を見ても、それを取ろうとしない。田畑の中が雑草でいっぱいの場合は、周りの畦畔《けいはん》の雑草管理もできないはず。そこが病害虫の温床になっているので、作物もきちんと育たないし、農薬代や農薬散布の手間が必要になって、結果的に効率の悪い農業生産になってしまいます。

除草が大変なことはわかりますが、結局のところ雑草管理を徹底することが、農薬代の節約や農薬散布作業の回数減少、そしてなにより、いい作物をたくさん生産するコツなのです。

まとめ

**金持ち農家の農場は雑草管理を徹底している**

## 金持ち農家は 農作業日誌を毎日つけるが、
## 貧乏農家は 日誌をつけることを怠る

みなさんは**農作業日誌**をつけていますか？

私が小学生の頃、夕ご飯の片付けを済ませた母は、居間のテーブルに座り、過去の日記帳を見ながら、１日の作業を振り返っていました。

「去年の今頃は、定植作業をしていたな」とか「去年は病気が出て大変だったな」とか言いながら日誌をつけていたような気がします。

ある新規就農者の農場に行ったときに、次のように話してくれました。

「実は僕、農作業日誌って最初の2年ぐらいはつけていなかったんですよ。それがダメで

したね。でも3年目以降は反省して、農作業日誌をつけるようにしました。やっぱり頭の中だけではダメですね。日誌をつけるようになって作業内容を見直して、栽培もどんどん良くなっている感じがします」

私は、そもそも農作業日誌をつけていないということに驚きましたが（みんな、何かしらの記録はつけるものだと思っていた）、農作業日誌をつけることで、栽培が良くなることに早いうちに気がついて、この新規就農者の方はよかったなと思います。

さて、農作業日誌は何のためにつけるのかを整理してみます。

まずは、**社会的要求としての記録**があります。食の安全安心への関心の高まりから食品トレーサビリティという考え方が普及してきました。これは食品の流通経路を把握できるようにする考え方です。肥培管理や農薬散布の記録など栽培履歴と言われる記録を卸売市場や食品加工業者、スーパーマーケットなどが農家に求めることが一般的になってきました。この取り組みに対応できない農家は次第に淘汰されていくことになります。実際に、米や牛は法律としてトレーサビリティが規定されています。社会的にこれらの要求はさらに強くなっていくことでしょう。

次に、実務的な面から農作業日誌の重要性を考えてみましょう。

農業経営者は、農畜産物を効率よく生産して利益を出していくことを考えていかなければなりません。しかも、気象条件など毎年変わっていく中で結果を出す必要があります。

そのためには、自分自身が行った農作業などに対して原因と結果を把握する必要があります。病気が発生したらその原因が必ずあります。収穫量が低かったら、その原因がありま す。なぜそうなったのかは、結果が出る前の状況などに原因があるのです。

たとえば、病気が発生したけど**その原因がわからなければ、対策ができません**。対策ができなければ、次の年も同じように病気が発生する可能性が高まります。それで、農業生産がうまくいくでしょうか。お金が残せる農業経営ができるでしょうか。

原因と結果を「見える化」し、お金が残せる農業生産をするために農作業日誌をつけることを習慣化することが大切なのです。

では、**金持ち農家はどのように農作業日誌をつけているのか**。少し覗いてみましょう。

まず、記録媒体は人それぞれです。農作業日誌アプリを活用していたり、手書きのメモや日記帳などに記録をしていたり、エクセルやスプレッドシートを活用している方もいます。Google カレンダーに記録をしている人もいるようです。3年日記や5年日記のように複数年を1冊で記録できる連用日記を活用している方もいます。

過去の同じ時期にどんな作業をしていたのかを調べるのであれば、手書きでも十分です。作業項目をプリントアウトし、農場内に掲示し、作業が終わったものなどを記録することで、従業員同士で手軽に情報を共有することができます。

農作業日誌アプリは、無料で使えるもの、有料で使えるもの、農業機械メーカーが提供しているものなどさまざまなものがあります。それぞれに一長一短ありますので自分に合ったものを探してみてください。

たとえば、無料で使える**「アグリハブ」**は、農業を営む元エンジニアの伊藤彰一さんが開発運用しています（https://www.agrihub-solution.com）。新規就農者や家族経営で農業を営んでいる方にお勧めです。とくに農薬検索機能が充実しています。農薬はその種類が多種多様な上にきちんとルールを守って使用する必要があります。分厚い農薬便覧などをもとに、使用可能な農薬を探し、使用回数や希釈倍率、収穫の何日前まで使っていいのかなどを調べて、間違いなく使用しなければなりません。これは、農業初心者には非常に手間がかかり、神経を使う作業。「アグリハブ」の検索機能を使えば、使える農薬がすぐにわかり、なおかつ栽培日誌として過去の農薬散布などの履歴が残っていれば、使える農薬、使えない農薬などをアプリ上で判断できます。

作業内容を社員など複数名で管理したい場合や管理する農場が増えて手書きでの管理が困難になった場合は、「**アグリノート**」がお勧めです（https://www.agri-note.jp）。数名の社員がそれぞれ作業をしている場合の進捗確認の共有や作業の漏れや重複を防ぐ効果もあります。面積が多い土地利用型農業をされている方に多く使われています。

ある金持ち農家に日誌の重要性についてお話を伺ったことがあります。

30代で脱サラして、実家の農業を継いだそうです。最初にやったことは、父親の作業内容を毎日記録していくこと。どんな作業をしたのか？　どんな気象条件だったのか？　1日の出荷量や販売価格はどうだったのかなど、できるだけ細かくノートに記録していきました。

あるとき、父親が「去年の状況は〜」と話を始めたのですが、その金持ち農家の記録では、それは去年ではなくて、3年前の出来事だったとのこと。この体験で「人の記憶がどれほど曖昧か」に気づき、そこで記録することの重要性を再認識したそうです。

彼はまず、ノートに毎日の作業と天候、気がついたことをひたすら記録していきました。そのうちに、パソコンやインターネットが普及してきたことで、エクセルやスプレッドシートに徐々に移行していきます。記録をすることで見えてきたことは、**「作業遅れ」や「段取り遅れ」**。農業は天候に左右されるので計画していた作業が思ったように進まない場合もあります。でもそれを言い訳にしていてはいい農業生産はできません。「作業遅れ」や「段取り遅れ」が見える化されることで改善が進み、タイミングよく作業ができるようになりました。

また、農業生産がうまくいかない人は、同じ失敗を毎年繰り返しています。あなたの周りにも、「今年もまたダメだったー」と言っている人はいませんか。これも記録をして、見返すことで、去年の失敗を繰り返さないような対策ができます。

農業生産技術が向上するにつれ、記録のウエイトは、出荷量や価格の推移に移っていきます。この方は過去のすべての価格の推移を記録しているそうです。そこから**相場の高い時期と単価の高い出荷規格**を導き出し、利益向上を実現しています（この方はJA出荷メインです）。

やってきたことは、「**記録をとる。それを常に見返す。見返した結果を今年の農業生産に活かすこと**」。やろうと思えば誰でもできます。でも多くの農家はやりません。本気で農業をやっている人だけが記録をして、それを活かしていくのです。

まとめ

**金持ち農家は記録をおろそかにしない**

金持ち農家は
# 生産技術を常に更新し、

貧乏農家は
# 古い生産技術のまま

**農業の世界でも、技術は日々進歩しています。**

農業生産の技術や農業機械、ビニルハウスなどの施設から、ビニルなどの被覆《ひふく》資材や肥料、農薬などの生産資材、さらには農作物を梱包して発送するための段ボールや包装資材なども日々進化しています。また、育種技術も進んでいるので新しい品種もどんどん開発されています。

かんしょ（さつまいも）の**「つる返し」**という作業も昔と今では考え方に大きな違いがあります。「つる返し」とは、かんしょのツルが伸び過ぎて、養分をツルに取られてイモが肥大しないことを防ぐために、伸び過ぎたツルを根本から引きはがし、不定根を切る作業です。以前は「つる返しをしないとイモが肥大しない」と言われていましたが、品種改

良などもあり、現在は「つる返し」はしないのが一般的。逆に、「つる返し」をすることで苗が傷むためやめたほうがいいと言われています。

トウモロコシ栽培の事例では、昔は分げつ（株元から発生する小さな枝）は取るように指導されていましたが、現在は、分げつは除去しないのが一般的になっています（倒伏を防ぐ、葉面積を増やし光合成を促進するなどの理由）。

農業機械や施設園芸設備でも新しいものがどんどん生まれています。

たとえば、施設園芸においては、光合成を促進するために**二酸化炭素発生装置を導入する例が増えています**。一説によると、二酸化炭素発生装置の導入で20％の増収効果があると言われています。暖房機を気温の変化に応じて自動で運転したり、自動開閉装置で施設内の温度を管理するといった環境制御機器の充実は以前には見られないものでした。これらの機器を導入使用することで、施設内の環境を適切に保つことができ、また労働時間の短縮にも繋がります。異常があるとスマートフォンに通知が来る機能もあるので安心です。

広い面積の農地を利用して農作物を栽培する土地利用型農業で近年、普及しているのがトラクターに後付けで取り付けることができる**自動操舵システム**です。これは真っ直ぐにトラクターを運転することを手助けしてくれます。自動操舵システムの普及で作業性と安全性、心身の負担が軽減したと、導入した農家が話してくれました。

このように農業機械のアップデートも大切な農業生産技術の更新になります。

必ずしも成功ばかりではありませんが、**新しい技術に投資することによって金持ち農家は、お金（売上や利益）や効率化（時間）という大きなリターンを得ています。**

まとめ
**金持ち農家は常に新しい農業生産技術に投資する**

## 金持ち農家は　同じ品目を作り続けるが、
## 貧乏農家は　品目をコロコロ変える

「何を作れば儲かりますか？」

この質問を何度されたことでしょう。

あえて何を作ればいいか、品目を答えるなら、**「その地域で一番生産されている品目を作るのが、儲かる近道です」**と答えます。

みんなが作っているものを作って儲かるのか？　と疑問に思う方もいるかもしれませんが、それが農業業界なのです。みんなが作っている品目をお勧めする理由は3つあります。

**(1)　その品目を作っている農家が多いということは、その品目を作って生活できている人が多いという事実**

**(2)　地域ナンバーワンの品目ということは、その品目の生産技術がその地域に蓄積されて**

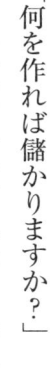

**(3) いるとともに、生産技術を教えてくれるＪＡや行政の農業普及指導員、農家が多い**

**さらに、その品目が全国的にトップシェアである産地なら、ＪＡ出荷でも有利に販売しやすい（他県に負けにくい）**

納得していただけましたでしょうか？　一見、誰も作っていない品目は、ブルーオーシャンに見えて、儲かりそうですが、実は**そんな品目が一番危険**です。なぜなら、先ほど挙げた3つの理由と逆のことが起こるからです。

**(1) その品目を作って生活している農家がいない。つまり、その品目を作って生活ができている人が少ない**

**(2) 地域で誰も作っていないので、生産技術が地域に蓄積されていない。生産技術を教えてくれる先生となる人もいない**

**(3) 他に大産地があるので、シェア争いでも負けてしまい、産地としての影響力が小さい**

これから新規就農したい方で品目選定がまだの方は、この事実を参考にしてください。

さて、農家の中には、生産している品目がうまくいかないからといって、新しい品目に挑戦を繰り返す人がいます。しかし、この選択は残念な結果を招くことが多いでしょう。うまくいかない原因が、うまく作れないことが原因ならなおさらです。

ある品目の生産がうまくいかない場合、他の品目に切り替えて成功する保証はどこにもありません。さらに、「今まで蓄積した生産技術がゼロになってしまう」ことや「農業機械や施設が使えなくなってしまうことが多い」ことも、新しい品目に切り替える際のデメリットです。

とはいえ、これまで多くの農家がいろいろな品目に手を出してきたことも確かです。いろいろな品目に手を出してもうまくいくやり方はあるのでしょうか?

まず**メインとなる品目がしっかりしていて、収益が取れていることが前提**です。その上で、やってみたいという気持ちや地域で生産振興している品目だからという理由でチャレンジしている方も多いようです。しかし、結局、片手間で手を出した品目は長続きせずに、メインとなる品目だけを極めていく金持ち農家が多いのが私の印象です。

宮崎県にある私の実家も、菊をメインに、ストックやスターチスなどを生産していました。ひまわりを育てていたこともあります。確か、1年でやめていたように思います。気がついたら結局、菊だけになっていました。近年では、ラナンキュラスにも挑戦していたようです。宮崎県が振興品目として助成などもしていました。しかし数年でやめて、結局は菊だけに戻っています。私の実家のような経験は、どの農家にもあるのではないでしょうか。

社会の変化に乗って、生産品目を変えるのもひとつのやり方ですが、農業において、需要がなくなる品目はほとんどありません。結果的に、生産する品目の生産技術を極めていくことのほうが、金持ち農家への近道になります。

まとめ

## 金持ち農家は同じ品目を作り続けるので、生産技術がきちんと向上する

## 金持ち農家は「作物の都合」で働き、貧乏農家は「自分の都合」で働く

金持ち農家と貧乏農家の「農業生産」では、**「農作業のタイミング」**が違います。播種や定植のタイミング、農薬を散布するタイミング、除草のタイミング、収穫のタイミングなど、少しのタイミングのズレがその後の作物の出来に大きく影響していきます。



金持ち農家は、タイミングを外さないように天気予報と睨めっこしながら、農作業の段取りを組みます。今日中に終わらせないといけない農作業は夜遅くなっても終わらせます。貧乏農家は、「農作業のタイミング」を重要視しません。農作業の見積もりが甘く段取りが狂ってしまうことが多く、予定通りに農作業が終わりません。だからタイミングがズレてしまいます。終わらせないといけない作業を途中でやめて帰ってしまいます。このもうひと頑張りが金持ち農家との差になっていくのです。

適切なタイミングで農作業することは、とても大事なことです。それは、自分の都合ではなく、作物の都合で働くこと。このことを知っているか？　大事にしているか？　実践しているか？　が貧乏農家のままか、金持ち農家になれるかの違いです。

それでも、自分だけではコントロールできないことも多いのが現代です。子どもの学校行事や家族の行事、地域の行事や付き合い、農家関係の行事や付き合いなどきりがありません。そのときはどうすればいいのでしょうか？

断るのもひとつの選択肢ですが、それもできないときは、前倒しで作業するしかありません。これは根性がいることです。もちろん、安全には気をつけるのですが、根性を出して「作物の都合」に合わせて農作業を終わらせるのです。

**金持ち農家はよく遊びます。**でも遊ぶために農作業を犠牲にはしません。昼間にゴルフに行くために、朝早くから作業をします。または土日祝日関係なく仕事をして終わらせなければならない仕事は必ず終わらせます。夜は飲みに出て、遅く帰ってきても、朝は誰よりも早く農場に出て仕事の段取りをします。本当に頭が下がりますが、そのエネルギッシュなところが金持ち農家たる所以《ゆえん》なのでしょう。

一方で、貧乏農家で遊び好きな方もいます。金持ち農家は作物の都合で仕事をし、自らの遊ぶ時間も捻出していますが、貧乏農家はまず自分の都合で遊び、空いた時間で仕事をします。作物の都合を優先しているか、後回しにしているか、それが金持ち農家と貧乏農家の違いです。よく遊ぶために、作物の都合を優先して、よく働くのが金持ち農家です。

まとめ

**金持ち農家は遅くまで飲んでも朝早くから畑に出ている**

## 金持ち農家は 常に植物を観察し、

## 貧乏農家は 植物を観察せず、異変に気づかない

「同じ農場を見ていても、見えているものが違う」

この違いが金持ち農家と貧乏農家の違いです。

たとえば、36ページでも触れましたが「田畑に雑草が生えている状態」を見て、金持ち農家は、問題がある、すぐに除草しないといけないと考えますが、貧乏農家は、このぐらいはいいかと思い、何も行動しない。

同じ雑草を見ても、「雑草が生えている」という状態の見え方が違うのです。

その他にも、**病気や養分欠乏などの生理障害、害虫の発生、土壌水分や温度、湿度、日**

**光の取り入れ方の状態など**、同じ景色を見ていても見え方、感じ方が違うことは多々あります。金持ち農家と貧乏農家では「観察力」に違いがあるのです。

では、その「観察力」はどうやって身につければいいのでしょうか。何人かの金持ち農家にヒアリングしたところ出てきたキーワードは3つです。

**(1) 興味があれば気づく**

**(2) 比較**

**(3) 定量化**

(1)「興味があれば気づく」については、元も子もない話ですが、見えていないから気づかないケースが多々あります。多くの金持ち農家から出てきた言葉は「**作っている作物に興味・関心があれば違いに気がつきます**」というものです。たとえば、「気になる異性の変化にはすぐに気がつくのと同じですよね」と。もし、自分が作っている作物の違いに気がつかないとしたら、興味・関心の持ち方が薄い可能性があります。それは、本当に楽しくて農業をやっているのかという根本的な問題になるかもしれません。

次に、(2)比較。比較には2つあります。1つ目は、**過去の状態との比較**です。昨日との違い、1週間前との違いを比較することです。植物であれば、葉や茎の色や形、触ってみた感触や花や実の付き具合など、場合によっては土を掘り起こしてみて根の状態を確認することも大事でしょう。

2つ目は、**「成績のいい農場」との比較**です。収穫量や秀品率が高い農家の農場を見せてもらい、自分の農場と比較することです。自分の農場との違いを感じることがあれば、遠慮せずに質問してみましょう。その積み重ねがあなたの観察力を向上させます。

もしJAの部会などに所属しているのなら、成績のいい農家に見学させてもらえないか、お願いしてみましょう。失礼な頼み方をしない限り、ほとんどの方は見せてくれると思います。

JAなどに所属していないときは、都道府県の農業関係部署の職員にお願いしたり、農業生産資材会社の方などに聞いてみたりして、紹介してもらう方法もあります。また、最近はSNSをやっている農家も多いので、直に視察をお願いしてみれば、交流ができる農家も多いと思います。

実際に見せてもらった農場がそんなに優秀な農場ではないこともあるでしょう。そんなときは、反面教師として、「自分ならこうするのに」と視点を変えてみることをお勧めします。どんな農場がいい農場で成績がいいのかという視点は、たくさんの農場を見る中で培われていくので、時間があればどんどん他の農場を見る機会を作るといいでしょう。

(3)定量化とは、「数値で表す」ことです。植物の観察のために定量化を取り入れて、標本となる株を選んで、定期的に背丈や葉の枚数、葉の大きさ、茎の太さ、花や実の付き方などを数値化して記録します。作業内容や気象条件による変化を記録し、考察することで植物体の観察力が鍛えられていきます。どんな項目を数値化すればいいのかは、ＪＡの指導員や農業改良普及センターの職員などにアドバイスをもらうといいでしょう。

農業生産のレベルが上がってきた農家が次のように表現することがあります。

**「トマトと会話ができるようになってきた」**

**「トマトが話しかけてくるようになった」**

実際に、話をするわけではありませんが、なんとなく、生産している作物のことがわかってくるようになる感覚です。あなたが生産する作物の声が聞こえてくるようになったら「観察力」が身についてきた証拠です。

少し余談ですが、地域でトップレベルの収穫量を叩き出すあるミニトマト農家は、毎日、ミニトマトに「いいね～」と話しかけるそうです。葉の色や厚みなど、自分の思った通りの状態で育っていると「いい色してるねー」とか「いい感じだね」とか、プラスの言葉をかけてあげると教えてくれました。毎日、声をかけることがあるくらい観察している証拠ですね。

まとめ

**金持ち農家は、毎日、声掛けができるくらい観察している**

金持ち農家は
# 自然災害も天候不良も自己責任と考え、

貧乏農家は
# 自然災害や天候不良だからとあきらめる

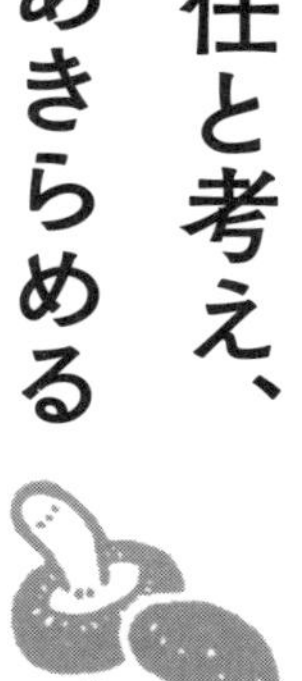

社長専門の経営コンサルタントである一倉定氏の言葉にある書籍で出会いました。

**「郵便ポストが赤いのも、電信柱がそこにあるのも社長の責任」**
**「社長が知らないうちに起こったことでもすべて社長の責任なのだ」**

この言葉を読んだ瞬間は、なんて理不尽で厳しい言葉だろうと思ったのですが、よくよくこの言葉を噛み砕いてみると、経営の真理をついていて、今では私の座右の銘のひとつになっています。

「郵便ポストが赤いのも、電信柱がそこにあるのも社長の責任」

これを農業経営者向けに言い換えると、**「自然災害も天候不良も社長の責任」**

社長とは事業主であるあなたのことです。

実際には、自然災害や天候不良は農家の責任ではありません。予想以上の自然災害も毎年起きる天候不良も自然の摂理であり、どうしようもないことです。

ただし、自然災害や天候不良に対する考え方が、金持ち農家と貧乏農家では異なります。自然災害や天候不良が発生することは、私たちにはどうすることもできません。しかし、起きることが予想できれば、それに対応する備えはできます。自然災害や天候不良による被害を最小限に抑えることは、農家の責任なのです。

「天候だからしょうがないよね」。この言葉は一見、正しいようにも聞こえますが、大きな落とし穴が隠れています。それは、「天候だからどうしようもない」「自分たちにできることはない」と考えることで、思考停止に陥ってしまうことです。

冒頭の「郵便ポストが赤いのも、電信柱がそこにあるのも社長の責任」という言葉は、すべてのことを自己責任とし、「社長として考え続けろ」という強いメッセージだと私は捉えています。
天候被害を受けると全体の出荷が激減するので相場が上がります。相場が高いときにできるだけたくさん出荷できるのが金持ち農家なのです。

**自然災害や天候不良に対する、金持ち農家の備えは次のようなものです。**

まず、**金持ち農家は、自分の農地がどのような地形にあり、過去にどんな被害があったのかを地域の人にヒアリングすることを怠りません。**その上で、想定以上の災害があっても対応できるように事前対策を施すことが大事です。

たとえば、ある新規就農者は、就農時に地主から「浸水しやすい場所であること」を聞いており、ハウス内で機械類はできるだけ高い位置に保管・設置、畝も高くするなど対策をしています。伊勢湾台風や令和元年東日本台風並みの災害が来ない限り大丈夫だという意識で事前の対策を常日頃から怠らないようにしているそうです。

近年は、線状降水帯の発生が多く、短期間に狭い地域に想定以上の大雨を降らすこともあります。大雨への備えとして、排水性をよくするための「暗渠《あんきょ》（地下に排水管などを埋め込むこと）」「明渠《めいきょ》（地表の見えるところに水の抜ける通り道を作ること）」の設置は必須です。

大雨や長雨後の対策としては、病気対策と根傷みの解消が挙げられます。病気対策は速やかに殺菌剤などを散布すること、根傷み対策としては、「酸素供給剤」の散布を行っている金持ち農家が多いようです。また、これらの資材も大雨が発生してから準備するのではなく、常に災害対策として倉庫に保管しておくことが必要になります。

農地に余裕があれば、自然災害を受けやすい農地での作付けは行わない判断をしたり、露地野菜を諦めて、50m／s以上の強風にも耐えられる耐候性ハウスを建設し、施設園芸に切り替えたりする方法もあります。

まとめ

## 金持ち農家は「自分でできることはないか」と常に考える

自然災害や天候不良をしょうがないと諦めることは簡単です。

しかし、あなたが金持ち農家になりたいのなら、諦める前にもう一度、もっとできることはないか？　と自分に問いかけ考えることが大事なのです。

# 第2章

# 金持ち農家の「販売」

金持ち農家は
貧乏農家は

# 「相場」に動じないが、
# 「相場」に踊らされる

農産物には「相場」があります。自分の意思と関係なく価格が上がったり、下がったりします。毎日のように「相場」を気にして一喜一憂する農家もいれば、ほとんど「相場」は気にしないという農家もいます。

**「相場」は、ある品目の全国での出荷量（供給量）とそれを欲しいという需要のバランスで決まります。**日本農業新聞を見ると全国の主要卸売市場の相場（卸売市場での取引価格）が毎日、掲載されています。また、ＪＡ出荷場の黒板に相場が記入されていたり、今は全国の卸売市場の相場を教えてくれるＨＰ（ホームページ）やアプリもあります。

通信手段が固定電話とＦＡＸしかなかった時代は、各地の卸売市場で相場が大きく違うこともあったようですが、今は携帯電話が普及し、情報が瞬時に広がるため、どの卸売市

場でもほとんど「相場」は変わりません。

「相場」が高いということは、全国の卸売市場への出荷量が少ないということ。**どこかの産地で自然災害や天候などの要因で不作だったり、産地と産地の切り替わりで出荷量が少ない時期に相場は高くなります。**

また、**多くを輸入に頼っている品目では輸入がストップして国内での出回り量が少なくなると「相場」は上がります。**

2022年は玉ねぎの相場が高騰しました。この年は、新型コロナウイルス感染症の影響で、中国産が多くを占める「剥き玉ねぎ（皮を剥いた状態の玉ねぎ・業務加工用で重宝される）」の輸入が激減したことに加え、玉ねぎの日本一の産地である北海道が不作で、全国2位の佐賀県産も出遅れて、出回り量が激減。結果、「相場」が例年の2~3倍に跳ね上がりました。

逆に「相場」が安いというのは、全国の卸売市場への出荷量が需要よりも多いということ。すると「相場」はどんどん安くなります。出荷量が増える大きな理由は、「豊作」であること。また、生産量（面積）が増えている要因もあります。

2023年には、人気の高いブドウ品種の「シャインマスカット」が暴落しました。これは、生産面積が増えていること、天候が好調で生育が前進し、出回り量が増えたこと、政治的な問題で中国への輸出が滞ったことに起因します。

また、生産技術に熟練していない農家が増えて、下級品（品質が落ちるもの）が増えていることも一因にあると思います（生産面積が増える場合によくあるケースです）。スーパーマーケットでは1房398円で売られていた場面もあったようです。しかし、その後、出荷量が落ち着き、「相場」は例年より高値で推移していったようです。

このように「相場」というのは、需要と供給のバランスで上がったり下がったりします。そして、**上がれば下がる、下がれば上がるのが「相場」**なのです。

同じく2023年、トマトの価格が高騰しました。夏場の例年にない高温で花が飛び（花がつかないこと）、トマトの実が生《な》らないという現象が全国で起きました。出荷量が少ないので価格は高騰します。「相場」が上がるのは農家にとってはいいことなのですが、「相場」が上がりすぎると次が怖いのです。**「相場」は上がれば下がります。**つまり、高値の「相場」が終わった後には暴落がやってきて、しかもそれが長引くこともよくあります。

農家にとっては「相場」が高騰することは、その後の暴落のことを考えるとけっしていいことだけではないのです。

さて、この「相場」の上げ下げに対する反応が金持ち農家と貧乏農家では違います。**金持ち農家は、「相場」の上げ下げに一喜一憂しません。**しかし、貧乏農家は「相場」の上げ下げに過剰に反応します。金持ち農家は「相場」とどう向き合っているか解説します。

ＪＡ職員時代にあるきゅうり農家からこんなふうに言われたことがあります。

「みんな、きゅうりの平均的な相場で利益が出るように作っている。もしくは、利益がどのくらい残るとか考えていない農家も多い。**俺は、相場が安いときでも利益が出るように考えて作っている。**だから少しぐらい相場が下がっても問題ないんだよ」

予測できない天候不順などはありますが、長期間で見ると相場の動きというのは見当がつきます。そして、相場の高値、安値もデータとして残っているので、自分が利益を出せる相場水準も計算すればわかります。

また、ＪＡ出荷がメインのある施設園芸の農家は、「相場は、もちろん変動はあるけど、だいたいどの時期にどの出荷規格が高値になるとか、この時期に相場が下がるとか、過去のデータを見るとわかる。だから、相場が高い時期にできるだけ出荷できるように栽培したり、一番、高値になる「規格」のものに揃える努力をしている。大きいサイズをたくさん作れば、出荷量は多くなるが、安く取引される規格だと売上は思ったほど上がらない。小さいサイズでも高値で取引される規格を作ったほうが売上や利益が大きくなる場合もある。

農家は出荷量だけに注目しがちだけど、実際は**どの出荷規格をどの時期に作れば一番、利益が残るのかというポイントがどの品目にもあるはず**。相場が高い時期とか高値で取引される規格は、過去のデータでわかるはずなんだけどな」と教えてくれました。

この農家の話で出てきた「出荷規格」とは、市場やＪＡで決められている「規格」のこと。主に「大きさ」と「品質」で分類されます（野菜や果物の種類ごとに細かく異なる）。たとえば、「品質」だとＡ・Ｂ・Ｃとなり、「大きさ」だとＳ・Ｍ・Ｌなどになります。品質がＡで、大きさがＭだと「ＡＭ」と表記されたりします。

きゅうりの場合だと、通常ＡＳ（品質Ａ・サイズＳ）が高値になりやすいですが、1月末から2月頭の**恵方巻きの時期**になると、ＡＭ（品質Ａ・サイズＭ）が高値になります。これは、恵方巻きに使うきゅうりがやや大きめのほうが使いやすく、一時的に需要が増加するからです。このように野菜や果物には、その時期によって高くなりやすい出荷規格があります。

金持ち農家は、**相場が安くても経営が成り立つ農業生産・農業経営を心がけています。**相場の動きを分析し、それに合わせた農業生産・農業経営を行っているのです。

まずは、自分の農業生産がどのくらいの経費がかかっているのかを知ることから始めてみましょう。**非常にざっくりしていますが、年間の経費総額を年間の出荷数量で割り算すれば、自分がどのくらいの経費で農産物を生産できているのかわかります。**

そして、その時期にどの規格を作るのが一番、相場がいいのかを調べてみましょう。これは何を作っているのか？　どんな出荷規格があるのか？　どこで作っているのか？　出荷時期はいつなのか？　によって農家ごとに変わってきます。これを調べることでいつどんなものを作るのが一番、お金になるかがわかるでしょう。

まとめ

## 金持ち農家は「相場」に振り回されない経営を行っている

# 金持ち農家は「JAの応援」をするが、貧乏農家は「JAの批判」しかしない

みなさんは「JA」という組織をどこまでご存知でしょうか。

そもそも、JAというのは略称で、正式名称は「農業協同組合」といいます。組織形態には、株式会社とか合同会社、NPO法人や一般社団法人などたくさんの種類がありますが、JAは「協同組合」という組織形態になります。同じ協同組合で有名なのは「生協（生活協同組合）」です。

さて、農業協同組合ことJAですが、JAにはその運営に関する法律、農業協同組合法（通称：農協法）が定められていて、JAはこの農協法に則って運営されています。

農協法に則ったJAの組織運営には、次のような特徴があります。

◆組織の代表や運営者は農家の代表で、選挙で選ばれる。職員はその指示を受けて業務を代行する立場
◆原則、手数料商売しかできない
◆一つの組織の中で、金融事業が認められている

ＪＡには、次の５つの主な事業があります。簡単に解説すると、

販売事業：農家の農畜産物の販売代行・支援
購買事業：農家に肥料や農薬や農業機械など農業生産に関わるものを販売する事業
指導事業：農家の農業生産の指導を行う事業
共済事業：各種保険の販売
信用事業：銀行と同じ業務で貯金や資金の貸付を行う事業

農業経営に直接的に関係するのは「販売事業」「購買事業」「指導事業」になります。

世間一般では、どちらかというとＪＡは批判の対象です。その一つひとつを解説することはしませんが、ＪＡ批判のほとんどは部外者が騒いでいるだけで、実態とはかけ離れています。その証拠に、今でもＪＡを利用する農家が多いことが挙げられます。

「ＪＡは利用したくないが、他に選択肢がないから仕方なく利用しているんだ」という声も聞こえてきそうですが、選択肢を増やすのは他人ではなく農家自身なので、選択肢がないということも含めて必要な組織なのでしょう。

一つだけ、誤解を解いておくとすれば、「ＪＡの利用を強制される」とか「ＪＡを利用しないと意地悪される」ということは、少なくとも現在ではあり得ないのでご安心を。

さて、では実際にＪＡと農家はどのような関係が理想なのでしょうか。

ＪＡは、農家に一方的にサービスを提供するのではなく、**農家とＪＡが一緒になって事業を作り出していく関係が理想的です。**

たとえば、多くのＪＡには、出荷する**品目ごとに生産部会という生産者組織があります。**その部会の中で、出荷規格や販売方針を決めたりします。この部会は生産者組織なので、自分たちが行いたい販売方法などを議論することができます。多数の農家が属しているのであなたの意見が100%通るとは限りませんが、農家が意見を出して、その意見に対して農家同士の話し合いで方向性を決めていくのが部会の活動なのです。そして、部会での話し合いをもとに、JAは動いていきます。

ブランド化をしたいなら、ブランド化するための方法をみんなで考え、JAと一緒になってブランド化していく。出荷規格を見直したいなら、見直す理由、見直した後の影響を予測し、さらに市場やスーパーなどの販売先にヒアリングを行い、出荷規格の見直しを進める。段ボールなどの梱包資材の簡素化による経費削減も一緒になって考えていく課題の一つです。このように農家とJAが一緒になって何かをやり遂げていく関係性が大事なのです。

私がセミナーでJAについての質問があったときに、「JAのレベルはその地域の農家のレベル」とお伝えしています。

この言葉の真意は、JAと農家の協働がうまくいっている地域では、JAが農家の要望を取引先に伝え、要望を叶える活動をしているということ。また取引先からの情報を農家側に伝え、それを農家側が真摯に受け止め、農家自身も取引先の要望に応じて、変化する努力をしているということです。

厳しいことをいうと、自分たちが動かずに、現状を変える手段はどこにもありません。「自分たちは何も変わらないが、ＪＡが農家の経営を良くするために何かを努力しろ」という考え方は、通用しません。しかし、残念ながらこのような考えの農家が一定数いるのが現状です。

一方で、金持ち農家はＪＡといい関係を構築しようとします。それは、ＪＡに従順になるということではなく、**自分たちがより良い農業経営をするために、前向きな提案・改善策をＪＡと話し合う**のです。そこには、ＪＡ職員に対するリスペクトがあります。もちろん、うまくいくことだけではないし、うまくいかないことのほうが多いかもしれません。

それでも、ＪＡが担う役割を適切に理解し、ＪＡとともに自分たちも変わっていく、成長していくことを諦めていないのです。

まとめ

**金持ち農家はＪＡといい関係を構築している**

## 金持ち農家は自分で売らないが、貧乏農家はなんでも自分で売ろうとする

農家であれば、「自分が作ったものは自分で値段を決めて販売したい」と誰でも一度は考えたことがあるでしょう。これから農業を志す人も自分で販売してみたいと考えていると思います。

しかし、**国産青果物の約75％が卸売市場を経由しての取引**になっているのが現実です。

つまり、自分で価格を決めずに、市場流通の中で相場によって価格が決まる方法を多くの農家が選んでいることになります。

なぜ、多くの農家は自分で販売をしないのか？　そして、自分で価格を決めない販売方法でも金持ち農家になれるのでしょうか？

ＪＡや卸売市場出荷は、原則的に相場で価格が決まりますので、農家に価格決定権も価

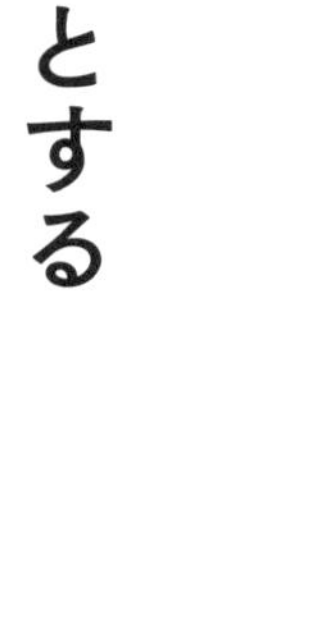

格交渉権もありません。ちなみに、ＪＡに出荷をすると、ＪＡが買い取るのではなくて、**ＪＡが農家の作ったものを集めて、消費地である都市部の卸売市場にまとめて出荷する**という流れになります。農家個人で都市部の卸売市場に出荷しても、出荷する量がまとまらず、配送運賃が高くなってしまい採算が取れないからです。

ＪＡは農家から出荷された青果物の**集荷と配送手配などを行い、都市部の卸売市場に出荷を代行するのが仕事になります**。配送運賃などの必要経費は、実費を農家に請求、そして卸売市場での販売価格から、規定の手数料をＪＡの人件費などのために差し引いて、残りを農家に返金するという流れになります。

ちなみに、ＪＡの手数料は数％（５％以下）のところがほとんどです。ＪＡの手数料は、組合員なら誰でも知ることができますので、販売担当者に確認してください。そのときに、ＪＡの手数料と集出荷場の使用料や配送運賃、段ボールなどの資材代といった実費で支払う経費や部会費、販売促進費などの名目で差し引かれる経費は、ＪＡの手数料と別なので、必ずどんな項目でそれぞれいくらの金額が、販売代金から差し引かれて口座に入金されているのか把握するようにしてください。

次に、卸売市場出荷（ＪＡ経由も含む）の最大の利点をお伝えします。

卸売市場出荷では、農家の側には価格決定権はないのですが、好きなときに好きなだけ農家の都合に合わせて出荷することができます。市場側は、出荷したものはすべて受け取って、価格をつけてくれます。これは、卸売市場法で定められた「受託拒否の禁止」の項目があり、正当な理由がある場合を除き、卸売市場は農家が出荷したものの引き受けを拒んではいけないからです。

一方、自分で売ると、**価格決定もしくは価格交渉はできるけれど、必ず売れるとは限りません**。売れない、出荷できないとなれば、農場で捨てるしかない場合もあります。繰り返しますが、卸売市場出荷では価格決定権はありませんが、好きなときに好きな量を出荷できるのです。

ＪＡと卸売市場を活用することは、**時間の有効活用**にもつながります。なぜなら、農業生産と営業活動のバランスを取ることができるからです。

自分で売ると営業活動が必要になってきます。今まで、ＪＡや卸売市場に出荷していた方は、ほぼ営業活動をしたことがありません。そもそも営業ができるのか、という問題もありますし、営業活動の時間をどうやって捻出するのかという課題も出てきます。

**JAや卸売市場出荷は、営業活動が基本的に必要ないので、ほぼすべての時間を農業生産の時間に充てることができます。** そのようにやってきた農家が、急に自分で売るからと営業活動を始めて、今までのように農業生産に時間を費やせるでしょうか。これまでと同じような農業生産活動ができるでしょうか。面積をこなせるか、反収（10アールの収穫量）を維持できるか、秀品率（34ページ参照）を維持できるか。

営業活動と農業生産を両立できるのかという視点を持たなければ、大きな失敗をすることになります。

JAや卸売市場出荷以外の取引では、「自分で値段を決めることができる」と思っている方も多くいらっしゃいますが、自分で値段を決めることができる人はほぼいません。

その多くは「価格交渉権」があるだけで、価格は取引先との交渉で当然決まります。交渉の際に少しでも高く売るためのカードを持っていないと高く売ることはできません。**高く売るためのカードとは、品質や量、安定的な出荷など、取引先が求めるもの**です。

自分で値段をつけて売ることができるのは、ネット販売など、自分で値付けする場合のみです。ただし、注文が入れば売れますが、注文が「0」の場合もあります。注文がないときは、好きな値段をつけたけれど売れないことになります。

どうでしょうか。自分で売れば必ず儲かると思いますか。

金持ち農家は、販売の仕組みをよく理解しています。よく理解した上で、**自分の生産している品目、地域、自分の性格、自分のやりたい農業経営を総合的に考えて、販売の方法を選択している**のです。

そして、金持ち農家になるために、どこに力を入れることが重要なのかも理解しています。JAや卸売市場出荷で儲からないからといって、他の販売方法に頼っても儲かりません。なぜなら、儲かっていない原因は販売方法だけとは限らないからです。本当に自分の農業経営で変えていかなければならないのはどこなのか？　を間違ってはいけません。

ＪＡを活用した卸売市場への出荷は、非常にリスクの少ない取引だと言えます。価格は相場なのでほぼ全国一律価格です。つまり、みんな同じ価格だということ。売上に差が出てくるのは、出荷量と秀品率の違いです。これは、販売のスキルではなく、農業生産のスキルで決まります。

逆に、自分で売ることにはリスクもあります。一つは、農業生産だけでなく、営業活動の時間を捻出しないといけないこと。今まで、農業生産だけをやっていた農家が、営業活動の時間を作り出すには、農業生産を任せる人を育てるか、自分自身の働く時間をさらに増やすかの2択しかありません。つまり、今の農業生産を維持できるかどうかがリスクになります。

もう一つは、営業をしても売れるとは限らないし、売れても取引が続くかどうかはわからないことです。取引先からストップがかかるかもしれないし、相手が倒産する可能性もあります。

**JAや卸売市場出荷でも金持ち農家になれます。**反収を高め、多く出荷し、品質を高めることで、単価も上げることができます。地域で自主的に勉強会を開催し、どの時期にどんな品質のものを作れば、高値で取引され手元に一番お金が残るか。そのためには、どんな農業生産をしていけばいいのか、地域の同じ品目を作っている農家同士、優良事例や失敗談などを情報交換し切磋琢磨している地域はたくさんあります。

農業生産に特化し、販売はＪＡに任せることでしっかりと収益を確保している金持ち農家も全国にはたくさんいるのです。

自分で売らなくても金持ち農家になることは可能なのです。金持ち農家が行う営業活動は、後述します。

まとめ

**金持ち農家は必ずしも自分で価格を決めて売っているのではない**

貧乏農家は

金持ち農家は

# お客様が求めているものを作り、自分が作りたいものを作る

**「出荷規格」**が問題になることがあります。出荷規格があるので、食べられるものまで廃棄して食品ロスになるという環境の観点からの問題です。また、出荷規格があるせいで出荷ができなくて売上が立たないという農業経営の観点から問題視されることもあります。

ではなぜ出荷規格というものがあるのでしょうか。

そして出荷規格はどのように決まっているのでしょうか。

出荷規格は、ＪＡや卸売市場に出荷する際に必要なものです。出荷規格は２つの視点から決められていて、**１つは大きさ（重さや長さ、太さなど）**、**もう１つは品質（色、形、見栄えなど）**です。これらの出荷規格の多くは、卸売市場の意見を聞きながら、ＪＡの生産部会で決められています。生産部会というのは、ＪＡに所属する組合員の中で同じ品目を

生産する農家が集まって組織されるものです。たとえば、トマト部会やきゅうり部会など品目名がついたものが一般的です。

出荷規格は、ＪＡが決めるのではなく、卸売市場や仲卸などの意見も聞きながら、生産部会で決めていきます。つまり農家同士の話し合いで決めていくのです。そのときに、あまりにも農家側の意見だけで決めてしまうと、買ってくれる人、つまり仲卸やスーパーなどから相手にされない産地になってしまいます。この出荷規格があるから、**ＪＡ○○のトマトは安心して買えるという産地の評価につながる**のです。

毎日、数千、数万ケースの出荷がある中で、現物を一つひとつ確認して取引することは不可能です。ではどうやって中身を確認しているかというと、卸売市場や仲卸の担当者がその一部を見て、判断し、その目利きを信用してスーパーなどが購入し店頭に並べているわけです。

もし、出荷規格がなく農家が自由に箱詰めして出荷していたら、スーパーは怖くて買えないし、卸売市場も仲卸もすべての中身をチェックしてからでないと売れないという非効率なことになってしまいます。

出荷規格を合理的な理由もなく緩めてしまうことで、デメリットを被るのは実は農家なのです。もし、出荷規格が不合理な理由で、過度に厳しくされているのであれば、部会の中で議論し、卸売市場などに意見を聞いて、出荷規格を変えることは可能です。

ただし、それが産地側の意見だけでなく、お客様の求めているものと一致していないと、産地としての評価が下がることもあります。

これは農業だけに言えることではありません。**すべての商売は、お客様の求めるものを作り、お客様の求めるサービスを提供することで成立しています。**それが信頼につながり、長期の取引、他の産地より優先的な取引につながっていくのです。

ここで大事なことは、「お客様は誰か？」ということです。ネットで直接販売している場合、お客様は一般消費者ですが、食品工場などの食品加工事業者に販売している人は、食品加工事業者がお客様ですし、ファストフードのチェーン店と取引している人は、チェーン店の仕入れ本部がお客様です。卸売市場に出荷している人は、卸売市場や仲卸がお客様になります。スーパー向けに販売している人は、スーパーのバイヤーがお客様です。

たとえば、100店舗を運営するスーパーマーケットの本部バイヤーは、100店舗分の野菜や果物を仕入れる必要があります。果物担当の本部バイヤーならば、みかんは1日

10箱程度を売るとしたら、毎日1000箱のみかんを揃えないといけません。もちろん、すべてをチェックすることはできないし、店舗によって品質にばらつきがあると、お店の青果担当者からクレームが来ますので、100店舗分、できるだけいい品質のものを揃えて納品する必要があります。また、ライバル店より高い値段でもいけないのです。

この条件をクリアするためには、**ある程度量を揃えることができて、品質が安定している産地のものを一括して仕入れる必要があります**。全国のJAは、このようにスーパーから優先して選んでもらえるように品質と量を揃えて出荷をしているのです。この仕組みを知らずに、ただただ自分たちがやりたいように出荷しているのであれば、卸売市場をはじめとする買い手から敬遠される産地、農家になっていくでしょう。

まとめ

## 金持ち農家は、お客様や仲卸、バイヤーの考えを知っている

金持ち農家もしくは金持ち農家がたくさんいる産地は、このことをよく知っていて、お客様に選ばれる農業生産を心掛けています。

## 金持ち農家は お客様がいるから加工品を作るが、
## 貧乏農家は お客様がいないのに加工品を作る

「加工品を作りたい」という相談をよく受けます。

基本的には、**加工品を作って販売することには反対です**。なぜなら、農業生産と加工品の製造・販売は、まったく性質が違う事業であり、両方を成功させるのは至難の業だからです。農業の成功をすべて失う可能性もあります。

**加工品を作って失敗するのは、「お客様がいない」というのが大きな原因**です。お客様がいないので、当然、作っても売れません。少しは売れたとしても、投資した時間とお金を回収できるだけの利益を出せなければ赤字で終わってしまいます。

加工品に手を出して失敗する農家は、次のような理由で加工品販売を始めようとします。

**(1)農業が儲からないから、少しでもお金にしたくて加工品を作ろうと思っている**
**(2)出荷規格に合わない規格外品がたくさんできてしまい、それを少しでもお金にしたいから加工品を作ろうと思っている**
**(3)周りの友人知人から、「加工品を作ったら絶対売れる」と言われ、それを真に受けて加工品を作ろうと思っている**

1つ目の例は、農業より加工品で稼ぐほうが難しいことを理解していません。**加工品を作って売る時点で、大手の食品事業者との競争になる**のです。カゴメや日清食品など専門の食品メーカーと競争して勝てるでしょうか。農業よりもっと厳しい戦いが待っています。

2つ目の例である、規格外品を捨てるのはもったいない、という気持ちは十分に理解できますが、それでも、規格外品で加工品を作るのは悪い打ち手です。それより、**規格外品を出さないように農業生産を優先しましょう**。そちらのほうが、早く結果が出ます。

3つ目の例ですが、加工品を作ったらその方は買ってくれるでしょう。でもその方だけです。たった数名の意見で作って、商売（事業）になるほど加工品製造販売は甘い世界ではありません。**たくさん売る、そして売れ続けることではじめて軌道に乗るビジネス**なのです。

加工品を作るということは、設備への投資、商品づくり、パッケージ、在庫を抱えるリスク、資金繰りの複雑さなどがあり、その上、売れるかどうかは誰にもわからないのです。

ここで加工品を作って販売して成功を収めている事例を2つ紹介します。

1つ目の事例は、北海道中富良野町でメロンの生産と販売をしている**寺坂農園株式会社**です。寺坂農園の寺坂祐一社長は、25年前の26歳のときに直販を始めています。ダイレクトマーケティングを農家の直販で実践している第一人者です。寺坂農園は、自社のメロンの97・2％を消費者に直接販売しています。その方法は、庭先での直売やインターネット通販です。売上は1億円を超え、年間2万件以上の発送を行うそうです。それだけの**顧客リスト**が手元にあり、顧客リストのお客様に定期的にＤＭを送って、商品の案内をしています。

寺坂農園でも11年前から加工品の製造と販売を始めています。加工品を始めた理由は、当時、農業政策の目玉であった6次産業化（農家の加工品の製造と販売のこと）に則った、冬場の雇用対策でした。

寺坂農園の戦略は至ってシンプルです。既存のお客様（寺坂農園のファン）に、自社で作った加工品の案内をして注文をもらう。**メロンの販売時期は7月から9月と短い**のでそれ以外の売上を確保するという目論見もあります。

寺坂農園では、野菜ドレッシングやミニトマトジュースなど４種類の加工品を自社工場で製造し、メロンのお客様や地元の道の駅で販売しています。

ただし、寺坂社長は、自分が考えていたよりメロンのお客様は、加工品を買ってはくれていないと話してくれました。加工品の競合は大手食品メーカーとなるため寺坂農園でも苦戦しているようです。逆に、地元の道の駅では、よく売れているとのこと。ご当地もの、お土産としての需要は高いようです。

次に紹介したいのは、**クラウドファンディング**を活用して加工品を製造販売する方法です。クラウドファンディングとは、２００１年頃にアメリカで始まった、実現させたい目標をプロジェクトとしてインターネット上に公開し、支援を募る仕組みです。日本では２０１１年に最初のプロジェクトが立ち上がったとされています。

クラウドファンディングを活用し成功しているのは、山梨県で半世紀にわたってトマト栽培を行っている**株式会社ヨダファーム**です。ヨダファームでは、過去に9回のクラウドファンディングを実施し、成功を収めています。ヨダファームでクラウドファンディングの担当をしているのが、娘婿の功刀《くぬぎ》隆行さんです。功刀さんは結婚と同時に、奥様の実家で農業に従事します。義父母が作るトマトの美味しさに感動したから、とその理由を教えてくれました。主な販売先はＪＡ出荷でしたが、規格外品として出荷できないトマトも多くあるような状況でした。

そこで、よくある動機ですが、「この規格外品をなんとかしたい」と加工品を作ることを計画したそうです。最初は、「スパイシートマトピューレ」という商品を３００本製造。すべて手売りで売り切ったそうですが、製造にかかった費用がやっと捻出できたぐらいで、自分の人件費を入れると赤字。この方法では、加工品を作って利益を出していくことは不可能と悟ります。前述の寺坂農園のようにすでにお客様がいる状態ではないからです。最初に製造したスパイシートマトピューレは、廃棄しないで済んだだけマシといった状態です。

ここで功刀さんが目をつけたのがクラウドファンディングの仕組み。クラウドファンデ

イングは、公開するプロジェクトのストーリーも踏まえて支援してもらう仕組みです。功刀さんは、義父母が作るトマトの美味しさとヨダファームをもっと知ってもらいたいという強い思いに溢れています。その想いを伝えヨダファームのファンになってもらう仕組みとして最適だと判断しました。

クラウドファンディングには、大きく寄付型と購入型があります。寄付型とは、大きな自然災害などがあったときに、その復興のために寄付を募るというプロジェクトです。購入型とは、先行予約販売と置き換えてもいいでしょう。ヨダファームのトマト加工品は、この購入型でのクラウドファンディングになります。

たとえば、ヨダファームの5回目のクラウドファンディングは「**祝5回に感謝！　濃厚芳醇とろけるケチャップと完熟トマトの特別先行予約！　そして世界へ**」というものです。トマトケチャップの開発をメインの目的としてプロジェクトをスタートしています。結果的に、支援金額約４７０万円、支援者約７００人という大成功を収めます。クラウドファンディングは、プロジェクトの期間が終了した後に製造に入り、商品を届けます。支援してくださった方は、その期間、商品が届くのを待ってくれるのです。つまり、発注数量が確定してから製造を始めます。ということは、**在庫が過剰に残る心配はありません**。売れ残りがないのです。ヨダファームも、このプロジェクトの結果を受けて、製造・発送をしています。しかも、**作る前にお金が入金され、資金繰りにも余裕が出ます**。このように、購入型のクラウドファンディングは、テストマーケティングの手法として最適なのです。

寺坂農園と違い、ヨダファームはお客様がいない状況での加工品製造販売へのチャレンジです。その場合は、テストマーケティングとして、そして自分たちの想いを伝える、ストーリーを伝えるために、クラウドファンディングという手法が最適だと功刀さんは教えてくれました。

それでも、クラウドファンディングでプロジェクトを立ち上げ、支援を募るのは大変な労力が必要になります。しかし、クラウドファンディングを活用せずに、ゼロからお客様を探すのはもっと大変。ですから、加工品の製造販売を成功させる手段として、クラウドファンディングを活用しない手はないのです。

加工品を作って販売している事例を2つ紹介しました。どちらの農園も加工品製造販売では成功事例になりますが、それでも農園全体に占める利益としては、微々たるものだと教えてくれました。それだけ、加工品で利益を出すのは簡単ではないのです。

なぜ、加工品を作って売りたいのか？　そして、それを成功させるだけの覚悟があるのか。事前に十分に自分に問いかけてから取り組んでも遅くはありません。

まとめ

**金持ち農家は安易に加工品に手を出さない**

金持ち農家は
# 直販では「自分も商品」ととらえ、

貧乏農家は
# 自分のファンをつくらない

いい時代になりました。スマホを通して、消費者と農家が直接繋がれる。

そんな時代背景もあり、「農家が儲からないのは、自分で販売しないからだ。自分で売れば農家も儲かるだろう」という声をよく聞きます。

では、JAや市場を通さず、スーパーにも卸さず、消費者に直接販売している農家は、みんな儲かっているのでしょうか。

実は、**直販をしている農家にも金持ち農家と貧乏農家がいます**。しかも数としては、販売に苦戦している貧乏農家のほうが圧倒的に多いのです。

農家がインターネットで消費者に直接売る、「直販」は大きく分けて2つあります。**ショッピングモール型と個人店舗型**です。

ショッピングモール型は、大手のショッピングモールに入っているお店と同じ。その場所を間借りして、出店費用を払って、お客様に購入してもらう形式です。産直ECサイト（食べチョクやポケマルなど）や楽天、Yahoo!ショッピングへの出店などがショッピングモール型です。ふるさと納税もこの中に入ります。

もう一方の個人店舗型は、自分でHPを立ち上げて売る方法です。

ショッピングモール型と個人店舗型はどのように違うのでしょうか？

近年、存在感を増している産直ECサイト。食べチョクやポケマルなどは、コロナ禍での巣ごもり需要で大きく登録者数や売上を伸ばしました。実際に出店したいと考えている方も多いかと思います。

食べチョクやポケマルに代表される産直ECサイトは、一次産業に携わる方が、消費者に向けて自分で値段を決めて販売することを目的としたプラットフォームになるので、非常に使いやすくなっています。しかも**手数料は、売上金額に対して発生するので、売れなければ支払う必要はありません**。手数料はだいたい20％前後で設定しているところが多いようです。手軽に始めることができるのがメリットのひとつです。

また、ショッピングモール型ですので、お客様の集客は、産直ECサイト側がやってくれます。産直ECサイトを訪れたお客様がいろいろな農家の中から、あなたのものを選んで購入してくれます。

一方、個人店舗型はというと、自分でHPなどを立ち上げ、そのHP内でお店を作らないといけません。ただし、現在は、BASEやShopifyなど、無料で立ち上げることができて、決済手段も付いているオンラインストアもありますので、以前より自社のHPで販売するハードルも下がってきています。

ただし、**お客様に好感を持たれるようなHPを作ろうと思うとそれなりにお金がかかります**。安く抑えようとして見栄えの悪いHPだと販売にとってマイナスなので、きちんと作り上げる必要があるでしょう。

では金持ち農家の直販は、ショッピングモール型（産直ECサイト）と個人店舗型（自社HP）のどちらの形態が多いのでしょうか。先に答えを言いますと、個人店舗型（自社HP）です。

産直ECサイトと自社HPでの直販の最大にして決定的な違いは、**「お客様リスト」**が手に入るか入らないかです。農家の直販は、化粧品や健康食品などをインターネット販売するダイレクトマーケティングと全く同じです。ダイレクトマーケティングが最重要視しているのが「お客様リスト」です。そして、残念ながら産直ECサイトでは、この「お客様リスト」を手に入れることができないのです。なぜなら、産直ECサイトで購入してくれるお客様は、あなたのお客様ではなく、産直ECサイトのお客様になるからです。

**「お客様リスト」があれば、こちらから案内をして、商品の販売開始や終了などをお知らせすることができます。**つまり、お客様と直接コミュニケーションを取ることができます。しかし、「お客様リスト」が手に入らない産直ECサイトでは、いつまでもその産直ECサイト内で活動するしかないのです。そして、産直ECサイトには、新しい農家もどんどん入ってくるので過当競争を強いられます。お客様はいつもあなたと他の農家とを見比べて、購入するかしないかを決めています。

個人店舗型の自社HPでの販売は、最初にお客様からお店を見つけてもらうためにSNSなどで告知活動を頑張る必要がありますが、「あなたの商品をあなたから買いたい」と言っていただければ、何度でも買ってもらえるかもしれません。するとそのお客様は、あなたの手元に「お客様リスト」として残り、そのリストが100人、1000人、200

0人と増えていくことで、金持ち農家の直販が完成するのです。

本当の直販というのは、誰かと比べられるのではなく、**「あなたから買いたい」というお客様をいかに集められるかにかかっています**。多少価格が高くても買い続けてくれるお客様が増えることで、金持ち農家の直販になるのです。

彼らの直販は、野菜や果物などの商品だけで成り立っているわけではありません。商品とともに、生産販売している農家自身も付加価値として売り込んでいます。**商品＋農家が最強の差別化要因であり、最強のブランディングになるのです。**

そのために、日々の発信活動を怠りません。すべてのＳＮＳで発信をする必要はありませんが、自分自身が一番得意なＳＮＳを駆使して、見込み客に発信し、お客様とのコミュニケーションを図っています。この努力ができる人だけが、金持ち農家の直販ができる人なのです。

ここで、福岡県うきは市で梨や桃、柿などを中心に果樹園を営む**産直農園 しゅうたの畑**代表の青木秀太さんの事例を紹介します。

青木さんは、新規就農5年目ながらInstagramのフォロワーが1万人を超え、多くのファンがいる農家です。30代半ばで果樹園を親から引き継いだ彼は、元キックボクサーの日本チャンピオンという異色の経歴の持ち主。介護職をしていたときに、人間関係の悩みから心を病んだのですが、実家の農園を手伝うことで次第に社会復帰できるようになったということです。

あるとき、父親から果樹園を閉鎖する予定だと打ち明けられます。小さい頃は農業が嫌いな青木さんでしたが、自分の社会復帰を後押ししてくれた農園であり、しかも小さい頃から育ってきた環境がなくなることに寂しさを覚え、農業を継ぐことを決意します。

しかし、辞める予定だったこともあり、果樹園の面積もかなり縮小していました。そこで、果樹と野菜の両輪で農業をスタートしましたが、なかなかうまくいきません。果樹は近くの直売所、野菜はJA出荷という販売形態でした。

そこで、果樹をメインに、インターネット直販で勝負をしようと決心します。そこからさまざまな学びを経て、SNSで認知を広げることにチャレンジします。すべてのSNSを試しましたが、最終的に選んだのがInstagramです。

持ち前の明るさと動画映えするルックスで、Instagramを本格運営してから8カ月でフォロワー1万人を達成します。彼は、農場での日常を投稿しています。いいことはもちろん、失敗したことも投稿します。いい事例を投稿するより、失敗を投稿したほうが、実はフォロワーの反応がいいと教えてくれました。熱烈なファンも増え、投稿を待ってくれている人も多くいます。

青木さんは「**自分自身も商品**」と捉え、「商品＋自分」を打ち出し、差別化に成功しています。誤解を恐れずに書くと、青木さんの梨や桃、柿が美味しいから、購入しているだけでなく、青木さんの活動を応援したいから購入し続けているのです（もちろん、美味しさや発送の工夫なども日々精進しています）。

農家が「農畜産物＋自分自身」を商品と捉え、販売促進の活動をすることは、**パーソナルブランディング**と呼ばれ、自分自身をブランド化することです。金持ち農家のインターネット直販の成功の秘訣は、このパーソナルブランディングにあるのです。

まとめ

**金持ち農家は「パーソナルブランディング」と「お客様リスト」を手元に集めることを重要視している**

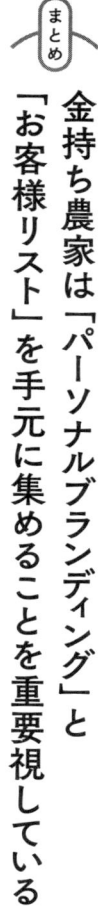

## 金持ち農家は直売所で勝負しない。
## 貧乏農家は直売所で勝負したがる

新規就農の相談では、必ず「どこで売る予定ですか?」と質問します。そして、よく出てくるのが「直売所」という答えです。直売所は、JAが運営するものや道の駅や民間の直売所、またスーパーマーケット内の産直コーナーなどがあります。

直売所以外の売り先を検討していない方もいて、正直、大丈夫かなと心配になります。農家が直接販売できる直売所が増えてきたので、新規就農者は自分の農産物をそこで販売している姿を想像しやすいのでしょう。しかし、ここに落とし穴があるのです。

落とし穴1:定年農家の生き甲斐出荷のおかげで、販売価格が驚くほど安い

最大の問題は、販売価格です。販売価格は自分でつけることができるのですが、好き勝手な値段をつけて売れるほど甘くはありません。高く売りたくても、後から出荷した人が

自分より安い値段をつけてしまうと、そちらから先に売れていきます。

問題なのが、農業で生計を立てたい人と、年金などをもらいながら農業で稼がなくてもいい年配の農家が一緒に出荷しているという点です。

趣味の延長で農業をしている方も多くいます。売れ残ると持って帰らないといけないので、売れ残るくらいなら、と安い販売価格をつけることもあります。**その価格に引きずられて、全体の価格が下がってしまうことがあります。** 状況によっては、ＪＡや卸売市場に出荷するより安い値段で売られることもあります。

農産物が安く買えるのでお客様も多くいらっしゃるのですが、農業でしっかり稼ぎたい方にとっては、稼げる販売先とは言えません。

## 落とし穴２：直売所で売れる量は限られるため、複数の直売所で販売しないと売上が立たない

２つ目の落とし穴は、１つの直売所で売れる量が限られているので、自分が生計を立てるために必要な売上を作るためには、複数の直売所で販売しないといけないことです。

複数の直売所で販売するということは、袋詰めなどの出荷準備や納品の時間などが取ら

れることになります。**つまり、農業生産をする時間が減ってしまうのです。**午前中は納品、午後から農作業と収穫、夜遅くまで出荷調整をして、そして翌日は朝から納品をひたすら繰り返すという話を聞いたことがあります。

もし、直売所メインでの販売を考えている方は、1つの直売所でどれくらいの売上を上げることができるのかを、ヒアリングして計算してみるといいでしょう。

落とし穴3：みんな同じような農産物を出荷するので過当競争に陥ってしまう

3つ目の落とし穴は、同じ時期に同じ野菜などが大量に並んでしまって過当競争に陥ってしまうことです。**直売所に出荷する人は、その直売所周辺で農業をしている人**です。つまり、作りやすい野菜などがみんな同じということ。JAや卸売市場出荷の場合は、みんなが作った野菜などが全国に流通するので、みんなで同じものを作っても消費されるのですが、直売所の場合はそうはいきません。直売所のお客様に対して、消費しきれないほどの同じ野菜が並ぶことも珍しくないのです。その場合は、安くして売り切ることを目指すしかないので、過当競争に陥ってしまいます。とくに豊作のときは、みんなも豊作なので、直売所に同じ野菜が溢れるほど陳列されることもよくあります。

では、実際に直売所で販売している農家の例をいくつか紹介します。

50代で脱サラし、東京都内で農業を始めたある農家は、ＪＡが運営している直売所メインで販売を計画していました。１年目、スイートコーンとナスの生産販売を考えていました。スイートコーンはそのＪＡ直売所の名物となっており、作っても足りないくらいの売れ行きでしたが、一方、ナスは、同じ時期に多くの農家が生産出荷しており、安くしないと売れない状況でした。

そんなとき、アドバイスをもらって近くのスーパーに行くと、なんと直売所で売っている値段の倍以上の価格で売られていました。つまり、**直売所で売るより、ＪＡや市場に出荷したほうが、手取りが良かった**のです。この状況ではナスの生産は続けられないと思い、メインの販売先を直売所から近くのスーパーマーケットに切り替えるために営業活動を開始します。その結果、取引をしてくれるところが見つかり、ナスはそちらをメインに出荷しているそうです。「早いうちにアドバイスをもらって、直売所の安値合戦から抜け出すことができてよかった」と話してくれました。

ＪＡ出荷がメインの農家でも、品質が少し劣るＢ品やＣ品を近くの直売所で販売する方もいます。Ｂ品やＣ品を直売所で販売することで、ＪＡ出荷のＡ品と同じ価格で売れます。市場出荷でＡ品１００円、Ｂ品70円のときに、直売所で、Ｂ品が１００円で売れるということです。市場で１００円で売れたＡ品は、スーパーなどで１５０円で売られます。というカラクリなんです。

では、ここでＡ品を１５０円で直売所で売ればいいじゃんとなりますが、優秀な農家は、出荷量の90％がＡ品なので、出荷量すべてを売り切る直売所はないのです。さらに、直売所に買いに来るお客様は安値のものを求めるのでＡ品１５０円はあまり売れません。だから、お小遣い稼ぎ程度にＢ品、Ｃ品を出すのが関の山なのです。

また、近所の方に購入してもらい、「美味しかったよ」と言われるのがモチベーションアップに繋がっているそうです。でも、売上はお小遣い程度ですと最後に教えてくれました。

また、ある農家は、**直売所出荷をマーケティングに活用している**と教えてくれました。その農家は、元々、ＪＡに全量出荷していましたが、現在は全量スーパーで販売しています。

長らく直売所に出荷をして、毎日の売れ行きをチェックしたり、販売方法を変えたり、シールなどの販促物を変更してみたりして、どんなやり方が良く売れるのかを研究したそうです。その結果を元に、スーパーマーケットなどに営業に行き、とうとう自分で全量売り切る力を身につけたと話してくれました。上手に直売所を利用してマーケティング感覚を磨いた事例になります。

九州でミニトマトを生産する農家は、メインはJA出荷ですが、直売所での販売比率を増やすことを考えています。その農家以外にもミニトマト農家はたくさんいて、直売所にも多くのミニトマトが並ぶのですが、味にこだわって生産しているので、価格が高くても先に売れていくそうです。**その状況を作り出せているからこそ、もう少し直売所で勝負してみよう**と考えているそうです。もちろん、直売所で高値で売れれば、利益率も高くなりますので自然と所得向上につながっていきます。

多くの金持ち農家は直売所メインで勝負はしていません。もし仮に勝負するなら、最後に紹介した事例のように他の農家より高い値段をつけても、先に売れていく場合のみになります。それでも全量が売れるとは限りませんので、販売先のひとつとして組み込むくらいがちょうどいいでしょう。

まとめ

## 金持ち農家は直売所で勝負しない

## 金持ち農家は ブランディングを実践し、
## 貧乏農家は ブランドの理解が乏しい

自分の名前や農場名を前面に出して、野菜や果物などを販売する農家が増えています。

この本を手に取っている方も、そうしたいと考えているかもしれません。

近年は「ブランド」「ブランディング」「デザイン」といった言葉も農業業界で聞くことが多くなりました。

「ブランド」とは何でしょうか？　農業、1次産業をデザインで活性化する**株式会社ファームステッド**代表取締役の長岡淳一さんは、次のように解説しています。

「ブランドは元々、農業から生まれた言葉なんです。自分が飼っている家畜と他の家畜を区別するために、家畜に焼き印を入れたのがブランドの始まりです。ブランドの語源はその焼き印です。

現代風にいうと、他の産地や農場と区別することがブランド。そのために、ロゴマークを作ったり、ネーミングを考えたり、パッケージや出荷段ボールをデザインし、他と、違いを明確に理解してもらうことがブランドと言えます。

そして、「ブランド」を作り上げていく活動を「ブランディング」と呼びます。長岡さんによると「ブランディング」には、お客様に対する外向きのブランディングと従業員などに対する内向きのブランディングがあり、どちらも欠かせない活動となるそうです。

「ブランディングは、存在価値を高めることが目的です。**存在価値は、外部の人に対しての存在価値もあれば、内部の人に対しての存在価値もあります。**

お客様など外部の人に対しての外向きのブランディングでは、農家の想いやストーリーを伝え、共感を得ることでその存在価値が高まります。

一方、従業員などに対する内向きのブランディングでは、経営者である農家がどんな想いで農場経営をしていきたいのか、どんな農場にしたいのか、そのベクトルを合わせることが重要です。経営者と従業員の方向性が一致すればするほど、組織のコミュニケーションが円滑になったり、社員のモチベーションが向上したりして、社員が自社のブランドに誇りを持つようになります。

ブランディングを進めることによって、経営に成果として表れます。具体的には、ステークホルダー（利害関係者）の信頼獲得、自社の知名度や売上、利益の向上に結びつきます」

多くの農家のブランディングに携わってきた経験から自信を持って言えるそうです。

さらに、長岡さんは続けます。

「多くの農家は、ブランディングに対する理解度がまだまだ低いです。一昔前は、ひとつの商品を作って、この商品にはどんな肥料や農薬を使っていて、どんなストーリーで開発して、というように世の中に発信していました。でも、時代も変わり、コロナもあり、ウクライナ戦争もあり、食料危機というワードが一般的になった中で、消費者の食への関心も高まっています。農家と消費者の距離も少しずつ近くなってきて、今後もさらにその距離は縮まるでしょう。

そうなると、消費者の消費行動が、商品単体ではなくて、それを作っている農場の理念や考え方に共感して、その上で商品やサービスを選ぶというように変わっていきます。そのことをまず理解したのちに、**自分たちはお米や野菜、果物、花などの農産物をどんな想**

**いで生産しているのか。そこにどんなストーリーがあるのか。どういうところが得意なのか。自信を持ってできる、提供できることは何なのか。**このようなことを改めて整理する作業がとても大事になります。

そして、整理できたものを、想いやストーリーが伝わる統一感のあるデザインにして届けていくことがブランディングになります。このことがわかっていないと、その場、その場で単発的に作ってしまった統一感のないデザイン、想いが伝わらないデザインになってしまいます。これは非常にもったいない。だから、**農業経営者がブランディングを理解して、デザインをコントロールする必要がある**のです」

上手に自らの農園をブランディングしている金持ち農家は、ブランディングに対する理解が深いとも言えるし、ブランディングしているつもりでも結果が出ていない農家は、ブランディングに対する理解が乏しいと言えます。

最後に、長岡さんはこのようなメッセージを伝えてくれました。

「農業は、かつて自分たちの名前がなくてもビジネスが成り立つ産業でした。でも時代が変わっていく中で、自分の名前で売りたい農家も増え、消費者にも誰がどんな想いで生産しているのかを知ってから買いたい人が増えてきています。その消費者のニーズを受け取って、農家も業界も変わる時期にきています」

ブランドやブランディングというと、どうしても個人や農業法人が行うイメージがありますが、けっしてそうではありません。

JAや出荷組合も十分にブランドを高めることができます。現在でも、福岡県産いちごの「あまおう」や宮崎県産完熟マンゴー「太陽のタマゴ」、淡路島の「玉ねぎ」など、先輩農家の努力によってブランド化された全国的に有名な産地がたくさんあります。

消費者まで伝わることは少ないですが、安定供給、品質の統一化によって、卸売市場やスーパーのバイヤーなど業界内で認知されており、他産地より優先的に取引される産地は日本中にあります。これからは、農家個人でも、そして産地としても今まで以上にブランディングへの理解を深め、消費者に発信していくことが大切になってくるでしょう。

まとめ

## 金持ち農家はブランディングで存在価値を高めている

## 金持ち農家は差別化できる商品を持っている。貧乏農家は商品を差別化できない

「少しでも高く売りたい」と多くの農家が思っていることでしょう。でも、「高く売る」ためには何が必要か？　を考えている人はほとんどいないのではないでしょうか？

高く売るための方法として「ブランド作り」「ブランディング」が語られることがあります。「ブランディングして差別化して高く売りましょう」という文脈ですね。

実際に、金持ち農家は自分の作った農産物を上手に差別化して販売しています。一方、貧乏農家は差別化できていない商品を差別化して売ろうとして、いつまでも売れないという悪循環を繰り返しています。その違いはどこにあるのでしょうか？

まず、農家は、自分は個人で戦うのか？　それとも「産地」として戦うのか？　どちらをメインにするのかを決めなければなりません。差別化も「産地」として行うのか、個人

として行うのかの違いがあります。

「差別化」という言葉も抽象的なので具体的に述べると次のようになります。

**⑴　全体の中で優れている**

**⑵　他の人（産地）と違う**

差別化を考えるとき、この2点が大切ですが、混同してはいけません。

1つ目の「全体の中で優れている」とは、たとえば、量（シェア）が1番であるとか、品質が1番であるとか、同じ基準の中で優れているということです。

2つ目の「他の人（産地）と違う」とは、たとえば、有機JASの認定を受けているとか、グローバルGAPを取得しているとか、独特のパッケージを有しているなどになります。ただし、こちらは真似をされてしまえば、その違いはなくなってしまいます。

ここまでで、「自分が作っているのは普通の野菜だし……、有機JASやグローバルGAPと言ってもすぐには取れないし、すでに取得している人もいるし……自分には差別化は無理だな」と思われたかもしれません。でもここが、金持ち農家の知恵の出しどころです。「全体の中で優れている」「他の人（産地）と違う」という2点についてはご理解いただいたと思います。次に必要なのは、**「どこで戦うか」という視点**です。戦うという表現は少し仰々しいですが、どのフィールドに身を置くかということです。

たとえば、あなたの地域が全国シェアナンバーワンの品目を生産する地域だとします。全国シェアナンバーワンであるということは、量で優れているということです。このことは、農業業界では**日本で最も安定供給を実現している産地として重宝されます**。そうだとしたら、あなたはＪＡなどにその全国シェアナンバーワンの品目を出荷することで、産地として差別化を図るグループに入ることができます。

いや、自分は個人で売りたいというのであれば、地元のスーパーに直接営業をして、量（安定供給）や品質や価格など、すべての項目で一番優れている状態になるという方法もあります。地元のスーパーの仕入れの中でトップになればいいのです。

消費者に直接販売する場合も、その**消費者（お客様）の中で、1番を取ることが大事**です。たとえば、メロンが好きなお客様がいたとして、〇〇さん（あなた）のメロンが1番になればいいのです。理由は味・品質・価格などなんでもOKです。そして、とくに直販農家にとって大事なことは、「あなたが作っている」ということ。あなたという存在はたったひとりなのです。このことは誰にも真似できません。あなたのことが好きだから購入する（ファンビジネスとも言います）という動機なら、最大の差別化ができているということになります。

差別化とは、「全体の中で優れている」か「他の人（産地）と違う」の2点が重要であり、さらにこの2点をどのフィールドで活かすかを考えることが成功のポイントです。もちろん、あなたの地域や品目によってそのフィールドにはさまざまな掛け合わせがあることを忘れないでください。

金持ち農家は、このことを理解して、自分のフィールドで差別化を図っているのです。

まとめ

**金持ち農家は差別化できるポイントを考えている**

金持ち農家の
選ばれる営業方法、

貧乏農家の
自分たち都合の営業方法

79ページで、自分で売らなくても金持ち農家になれることをお伝えしました。

一方で、ＪＡや卸売市場を通さずにスーパーマーケットや大手外食チェーン店などに自分たちで営業をして取引を拡大している金持ち農家も多数います。

金持ち農家は、次の3点を押さえて営業しています。

**(1) 営業活動をしながら農業生産のレベルを落とさない準備ができている**

繰り返しになりますが、営業活動をする分、農業生産に関わる時間が少なくなります。

たとえば、営業活動を通して売り先が見つかったとしても、農業生産のレベルが落ちてしまい、品質の低下や欠品などが発生してしまったら、その売り先と継続した取引はできないでしょう。

金持ち農家は、農業生産のレベルを落とさない体制を整えて営業活動を行っています。具体的には、**自分自身が農業生産の現場に入らなくても、従業員だけでいい品質のものがたくさん収穫できるように従業員のレベルを上げていきます**。そのために従業員の教育をして、従業員の農業生産技術のレベルを上げる努力を怠らないのです。農場責任者の任命も必要になるでしょう。

### (2) 農業をしている場所と作っている品目に適した販売先を選んでいる

どんな販売先に営業をするかはとても大事です。主な販売先候補は、スーパーマーケット、外食チェーン、食品加工工場などになります。学校給食などもありますが、安定した取引先とはなりにくいのであまりお勧めしません。

「自分がどこまで営業できるのか、納品できるのか」を考えると、自ずと営業エリアが絞られます。営業エリアの中で、自分の品目に合った売り先があるか、探していく必要があります。

### (3) 販売先に選ばれる理由を実践している

販売先への営業には、常に競合・ライバルがいることを忘れないでください。その中で販売先に選ばれ、かつできるだけ高く販売するためには、その販売先にとってなくてはならない存在にならなければなりません。

そのためには、相手が何を求めているかを知る必要があります。ただ安いものを求めているのか（そのようなところもあります）、**毎日同じ量で安定出荷してほしいのか、歩留まりが良くて加工しやすい品質のものを求めているのか**、販売先の数だけその要求はあります。もし、よくわからないときは相手に聞いてみましょう。

販売先にとって取引先を変更するのはリスクになります。そのリスクを負ってまで変更したいと思ってもらえるかが取引を成功させる鍵です。また、取引がスタートしたら、あなたとの取引をストップして、他に切り替える場合のコストをできるだけ高くしておくことが継続して取引するコツになります。

栃木県でニラを生産し、地域の農家仲間と販売会社を立ち上げている山崎哲さんの事例を紹介します。

山崎さんは、農業を始めて14年目、売上も1億円を超えます。元々は全量ＪＡ出荷をしていました。栃木県はニラの大産地ですので、JAの影響力も強い地域です。農業を始めて6年目ぐらいから徐々に自分で売ることに挑戦し始めたそうです。でも最初は、青果物の販売業界について知識がありません。どこにどうやって売っていけばいいかわからない状態でした。

そこで、業界の情報を得るために、市場や仲卸、農業生産資材会社の関係者と意識的に飲みに行って交遊を深めました。また、どこのスーパーと取引したいかを考えるために、実際にスーパーに行って、どんな商品が並んでいるか、どの程度の売値になっているか、市場調査を徹底して行いました。安売りスーパーや悪い品質のものを置いているスーパーとは取引したくなかったと言います。

そのうちに、仲卸などから声がかかり始めます。最初は、少しだけ取引をさせてもらっていましたが、**「今日、ニラの納品今からできる?」とか「すぐに追加で納品できますか?」**といった緊急のオーダーに応えているうちに、「もっとまとまった取引をしませんか?」と声が掛かるようになりました。そこで、現在もメインの取引先になっている大手スーパーとの取引が始まったそうです。

現在は、仲卸とスーパーの本部バイヤーと日々商談をしながら、たくさん売りたいときには、特価で量が売れるように対応するなどいい関係性を築いています。現時点でもこのスーパーマーケットの半分の店舗でしか販売できていないので、農家仲間が集まればもっと取引量を増やすことも可能です。

スーパーと直接取引をしたい農家も多いですが、山崎さんは、リスクヘッジとして仲卸を通して販売する方法も選択しています。もちろん、取引のきっかけを作ってくれたという義理もありますが、**商品のクレームや急な納品、欠品など、毎日販売しているからこそのトラブルもあります**。そこの対応は、日々、お店に出入りしている仲卸にお願いしたほうが効率的なのです。

スーパー以外にも、業務加工用としての販売も行っています。カット野菜用や餃子用です。とくに餃子用は、刻んで使うのでやや品質が悪くても受け取ってくれます。品質の良いところはスーパーに、やや悪いところは餃子用に、その中間はカット野菜用にと、品質ごとに売り先を複数持つことによって、すべてのものを余すことなく販売できます。

さて、ここまで読んだ方で、「自分も営業活動をしたいけどそんなに時間がないんだよなぁ」と思われる方もいらっしゃるのではないでしょうか。営業活動をするために、山崎さんがどのように工夫してきたのか、その部分もお聞きしたのでお伝えします。

農業を始めて6年目ぐらいから徐々に自分で売ることに挑戦したことは前に述べました。そして、自分で売る体制を整えるために規模を拡大していきます。理由は、規模を拡大しないと人を雇用できないから。人を雇用することにより、農業生産を従業員に任せて自分は営業活動に専念できます。それでも、農業生産の現場から安心して離れることができるようになったのはここ2年間ぐらいだと言います。現場の農業生産は外国人人材が活躍してくれているようです。徐々に農業生産の現場から離れることができ、営業を強化することで、スーパーとの取引や加工向けの取引、そして地域の農家仲間との共同出荷という体制を作ることができたそうです。

**自分たちで売るようになって、生産するニラの品質も上がっていきました。**なぜかというと、JA出荷のときは自分たちの都合でJAに持っていけば良かったのですが、直接販売するとそうはいきません。今日はたくさん出荷できますが明日は出荷ができませんでは、すぐに取引が終わってしまいます。**どうやって、取引先が納得する品質のニラを安定して出荷できるのか、それを常に考えていなければなりません。**

たとえば、どこかのタイミングで出荷できないとなれば、そこで即取引終了です。良い品質のものを安定して出荷できなければ、山崎さんから購入する意味が相手にはなく、市場から買えば良いのですから。

そのために、自社の農場や一緒にグループで活動している農家仲間にも厳しく指導します。栽培方法や出荷の準備などについて常に連絡を取り合いながら、自分たちの売り場、売り先を守るために必死にやっていると言います。だから、自分たちの都合で作っている農家には絶対に負けないと言い切ります。

まとめ

**金持ち農家は相手の都合に合わせるから営業がうまくいく**

# 第3章

# 金持ち農家の「お金と時間」

金持ち農家は
貧乏農家は

# 数字を見て投資をするが、感覚のみで投資をする

農業で成功するには、一定額の「**投資**」は欠かせません。

土地の購入やトラクターなどの農業機械、それらを格納する倉庫や作業場の確保、施設園芸だとビニルハウスなどの施設が必要です。全くのゼロからの農業参入だと数千万円規模の投資が必要になることもあります。親元就農でも、引き継いだ農業機械や施設が古いことも多く、新規就農者と同じくらいの投資が必要になることもあります。さらに、農業経営を長年続けるためには、継続的な投資も必須です。

では、金持ち農家と貧乏農家では投資に対する考え方がどのように違うのでしょうか。

投資の成否はシンプルに「**投資した金額より利益が増えるか**」「**返済を続けられるか**」**の2点が達成できれば成功**と言えます。逆に、投資金額よりも利益が少なかったり、返済

が滞ってしまうようなら、その投資は失敗したと言えるでしょう。

私の知り合いであり数億円をかけてピーマン栽培施設の投資を行った農業生産法人の代表は、投資に対してかなり前向きです。**投資をすればその分、利益が増えていく**と言います。

「まずは、経営面で月次決算していきます。税理士が来て、毎月締めていきます。ハウスごとの経費も月次で出していきます。そこで数字がきちんと出てくると、どこで何を改善すればいいのかがわかってきますよね。あるいは、課題を分解すれば分解するほどやるべきことが明確になるので、それを最低でもハウス単位・月単位でやっています」

「今、資材費の高騰により、ハウス建設費用が高くなっているとよく言われます。しかし、これは面積あたりで計算した場合に以前より高くなっている話です。生産量に対する製造原価で考えると、建設費用の見え方が変わってきます。たとえば、古い性能のハウスでは収穫量が20トンだったものが、**新しい性能のハウスで25トン収穫できるようになれば、製造原価が安くなる可能性があります**。また、**新しい性能のハウスでは、必要な労働力が従来の8割で済むとか、ランニングコストも安くなる可能性もあります**。このように計算して投資しています。そのため、補助金の申請も通りやすく、融資も問題なく受けられます」

「投資計画を立てるには、**自分のデータをしっかりと持っていることが前提になります**。過去のデータと投資した結果のデータを自分の実績ベースで持っていることで、説得力のある計画を立てることができるし、それが成功する根拠になります。これは、他人のデータだと難しいかもしれません」

このように投資を回収することができる農家は、数字を見て投資の判断をしています。そして、投資した分を回収することができるので、また新しい投資ができるという良いサイクルになります。

一方で、投資に失敗して、次の投資ができない農家もいます。つまり、投資額を超える利益が出せない農家です。無理な計画だったのか、計画時点では問題なかったが、その後の農業生産や販売、人員配置などがうまくいかなかったのか、その理由が明確でない方が多いようです。

投資の問題点が明確でないために、何を改善すればよいのかもわかりません。これは、農業経営を数字で捉えず、感覚だけで経営していることが原因です。

さらに、現在の農業生産で手一杯で、経営状態が芳しくないため、投資ができない農家もいます。その場合、機械や設備が老朽化し、生産性が落ちるため、さらに儲からなくなるという負のサイクルに陥ってしまいます。これを打破するには、今回紹介した農家のように農業生産と経営を数字で捉え、問題点を明確にして改善していく必要があります。

農業機械や施設設備は、どんどん古くなります。農業経営を継続するには、定期的に数百万円から数千万円の投資が必要です。その投資を計画的に行い、投資以上の利益を確保し続けることが、金持ち農家になる秘訣です。

まとめ

**金持ち農家は投資計画のために経営を数字で捉えている**

# 金持ち農家は自分の時給を意識している。貧乏農家は自分の時給を意識しない

**「あなたの時給はいくらですか?」**

この質問にすぐに答えられますか?

では、次の質問はどうでしょうか?

**「あなたは時給いくらを目指しますか?」**

最初の質問は、「現在がどうなのか」という現状認識ができていないと答えられません。

2つ目は、「これからどうなりたいのか」という目標がないと答えられない質問です。

金持ち農家は自分の時給を意識していますが、貧乏農家は自分の時給を意識していません。実は、時給を意識しているかどうかで大きな違いが出ます。

その理由は次の3つです。

**(1) 現在地と目的地が明確でないと金持ち農家になれない**
**(2) 時給を意識しないと生産性が上がらない**
**(3) 自分の時給が明確だと、仕事を人に任せる判断軸になる**

それぞれ詳しく解説します。

## (1) 現在地と目的地が明確でないと金持ち農家になれない

今の自分の時給を答えられる方は、自分の現在地を理解している人です。そして、将来の時給を答えられる方は目標が明確な人です。**金持ち農家になる第一歩は、自分の現在地を認識し、将来の目標、つまり目的地を明確に持つこと。**これは、カーナビに目的地をセットすることに似ています。金持ち農家になるためにも、現在地の認識と目的地の入力が大事なのです。

## (2) 時給を意識しないと生産性が上がらない

時給を意識しないと生産性は向上しません。生産性とは、「質の高い仕事を少ない労力や時間でできるか」ということです。

たとえば、自分の目標時給を2000円に設定しているなら、2時間仕事をして4000円分の価値を生み出すことができるのか？　という視点になります。また、これまで2時間かかっていた仕事を1時間でできるようになれば、2000円分の価値を生み出したことになります。

このように時給を意識して自分の仕事を見直すことで、生産性に対する解像度が上がり、問題点が見えやすくなり、同時に改善点も見えるようになります。結果、仕事の生産性が上がり、儲かる体質の農業経営が実現できるようになります。

## (3) 自分の時給が明確だと、仕事を人に任せる判断軸になる

**自分の時給が明確だと、人に仕事を任せる際の判断軸になります。**

農作業のほとんどは単純作業の繰り返しです。時給1000円のパート従業員ができる仕事をいつまでもあなたがしているなら、あなたの時給は1000円です。もし、あなたが自分の時給を上げていきたいのなら、時給1000円の仕事は、時給1000円で仕事をする人に任せて、それ以外のあなたにしかできないことに自分の時間を使うべきなのです。その際の判断基準となるのが、あなたが将来手に入れたい時給です。将来の時給より安く働いてくれる人がいて、その仕事を任せることができるなら、どんどん人に任せて自分は時給の高い仕事をするようにしましょう。

時給を意識することは、単に「自分の時間を金銭的価値として意識しましょう」ということではなく、**その時間をどのように最も効果的に使うのかを考えるプロセス**です。これを通じて、単なる農作業をする農家ではなく、自分の時間と従業員の時間をより価値のあるものへと変えていく農業経営者になることができます。

まとめ

## 金持ち農家はいくら稼ぎたいのかが明確

金持ち農家は
貧乏農家は

# 税金をきれいに払い、税金を払わないことに頭を使う

できるなら払いたくないのが「税金」ですよね。一生懸命働いて稼いだお金なのに、「取られていくのは理不尽だ」という感覚になるのは、よく理解できます。

ある町役場主催の若手農家の研修会後、懇親会の席で、このような会話を交わしたことがあります。

「親が税金を払うことを非常に嫌がります。税金を払わなくていいように売上を抑えるし、利益が出そうなときは、すぐに買い物をする。そして、税金を払っていないことを自慢する。これで本当にいいのでしょうか？」

私が、「それでは手元にお金が残らないでしょう？」と聞くと、

「そうなんです。でも税金を払うことに異常に拒否反応があって困っています」

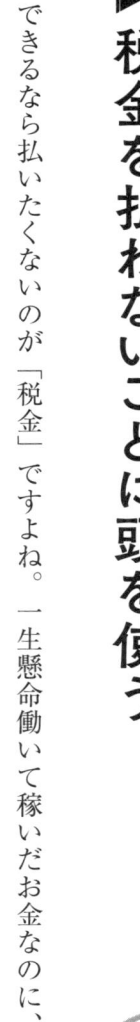

とのことでした。周りの数人の方にも聞くと、その地域は同じような考え方の親が多いとの意見でした。

ここでみなさんに質問です。

税金をたくさん払っている農家と税金をまったく払っていない農家がいるとします。あなたは、どちらの農家が豊かな生活を送っていると思いますか？

ほとんどの方は、「税金をたくさん払っている農家」のほうが豊かな生活を送っていると答えるでしょう。それは正解だと私も思います。

払う必要のない税金まで払う必要はありませんが、農業経営の利益の中から一定の税金を納めないと、自分の手元にはいつまで経ってもお金が残りません。つまり、貧乏農家のままです。

税金とは、売上から経費を引いた残りから、認められた控除額を差し引いた金額で計算されます。そして、税金を支払った残りが皆さんの手取り収入となるわけです。つまり、税金を払わないということは、手元にお金が残っていかないということです。

税金をたくさん払っている方は（適切に確定申告をしているなら）、それ以上に手元にお金が残っていることになります。

たまに、確定申告でしっかりと利益が出ていて、かつ税金もきちんと納めているが、手元にお金が残っていない方がいます。

そのような方は、**「確定申告が間違っている」**か、**「プライベートでお金を使い過ぎている」かのどちらか**です。確定申告が間違っている場合は、経費にしてもいいのに面倒くさいからと言って経費に計上していないことが多いようです。

プライベートでお金を使い過ぎている方は、ぜひ家計の支出を見直してください。

話を戻して、なぜ税金を払わない農家は金持ち農家になれないのでしょうか。

1つ目は、繰り返しになりますが**税金を払わないと手元にお金が残らないから**です。もし、税金の支払額（社会保険料も含め）が多いと感じている方は、個人事業主ではなく**法**

**人化を検討してみてください**。法人経営のほうが節税できる場合があります。

2つ目は、税金を払っていないと、利益を出すという思考からどんどん離れていってしまうからです。

正しい農業経営の考え方は、**利益を最大化して、出た利益から所得控除ができるものを最大限活用すること**です。たとえば、農業者年金や小規模企業共済、iDeCo（イデコ）などがあります。この辺りは税理士などの専門家に相談するのがいいでしょう。

それでも税金の支払額が負担になる場合は、法人化を検討する段階です。

いずれにしても、税金をしっかりと払うことが手元にお金を残す唯一の方法になります。

金持ち農家を目指すみなさんは、しっかりと税金を払う、その上で手元にお金を残すことを目指しましょう。

まとめ

**金持ち農家は税金を払わないと手元にお金が残らないことを知っている**

## 貧乏農家は 儲かったら貯蓄をし、儲かったお金をすぐに使う

会社員と違って農家は経営者なので、時にはすごく儲かることもあります。生育が順調なときに、たまたま相場が良かったりすると自分の実力以上のお金が入ってきます。手元にお金があると、その状態がずっと続いていくような錯覚をしてしまうのが人間です。半年前まではお金がなくて苦労していたのに、少しお金に余裕ができるとその苦労をすぐに忘れてしまいます。

お金の使い方ひとつをとっても、金持ち農家と貧乏農家には違いがあります。

農業という職業は、田畑の準備をするところから考えると、収入になるまで一定の「時間」が必要です。また耕種農家は、収入がない（もしくはかなり少ない）時期があるのも一般的。そのために、安定した経営を行うには、お金の管理が欠かせません。後ほどお話

しします が、ＪＡがクミカンや営農口座といったものを用意し、いわゆる盆暮払いを可能にし、**お金の管理が杜撰《ずさん》な状態でも経営が成り立つ仕組みを用意してくれています。**しかし、この盆暮払いをあてにしているといつまで経っても金持ち農家にはなれません。

**金持ち農家は、通帳口座に入っているお金は、「すべてが自分のお金ではない」ことを理解しています。**あなたの通帳口座に入っているお金は、

「これから支払いをするお金」
「来年、農業をするために資材等を購入するためのお金」
「家族が生活していくための生活資金」
「将来に備えて蓄えておくお金」

などに分類されます。

それぞれどの程度必要なのか理解しておくことが、お金を管理するということです。その上で、余剰が出たら好きなことに使うのもいいでしょう。しかし、お金の管理ができていないまま好きなことに好きなだけお金を使ったりすれば、すぐにお金はなくなります。お金がなくなれば、お金を借りることになりますが、借りたお金には利息がつきます。利

息を支払うことで余分なお金がまた出ていくのです。

「これから支払いをするお金」
「来年、農業をするために資材等を購入するためのお金」
「家族が生活していくための生活資金」

この3つに分類されるお金、それぞれいくら必要かを把握していますか。もし、把握していない方がいれば、今すぐに計算してみてください。

次に考えないといけないのが、
「将来に備えて蓄えておくお金」です。

ご存知の通り、農業とは天候に左右される商売です。時には、想定もしていなかった天候被害に遭うこともあるでしょう。つまり、**一晩にして収入がなくなる可能性もあります**。

農業を諦める原因の多くは、お金がないからです。手元に資金があれば、天候被害などがあっても、再度チャレンジすることができます。だから、ある程度の現金は常に手元に残しておく必要があるのです。

では、どのくらいのお金を将来の備えとして残しておけばいいのでしょうか。

考え方はいくつかあります。**1つ目は、家族が1年間無収入でも暮らしていける程度のお金を貯めておくこと。2つ目は、年間売上の3カ月分～6カ月分を蓄えておくこと。3つ目は、現預金で1000万円を目安に残しておくこと**です。もちろん、売上規模や従業員数、家族構成によって大きく変わってくるので、これらを参考にしていただいてご自身でいくら貯めるのか決めてください。

将来の備えとして蓄えるといっても、すぐにお金が貯まるものではないので、数年間に分けて貯めていく必要があります。つまり、目標としている金額が貯まるまではお金はできるだけ使わないことです。

**お金がない状態になると、人は冷静な判断ができなくなります。**簡単に儲かる方法はないかと、あるはずもないものを追いかけてしまいます。逆にお金があると、ピンチをチャンスに変える時間が生まれます。

たとえば、天候被害に遭ってしまって、多くのものを失ったときも、どうやったら被害を受ける前の状態に戻そうかと考えるのではなく、この機会に被害を受ける前よりももっと良い状態で復活させようと考えることができるのです。

儲かったからといってすぐにお金を使ってはいけません。農業に関することならまだいいのですが、家を買ったり車を買ったり旅行に行ったりと、農業に関係ないところに多くのお金を使うのは、まだまだ早いです。

農業経営は、瞬間的に儲かればいい、稼げればいいものではありません。大切なことは農業経営を続けることです。そのために、もしもの時も農業経営が継続できるだけのお金は手元に残しておく必要があります。

まとめ

**金持ち農家は、いざという時のためにお金を蓄えている**

金持ち農家は

## お金をかけずにできる方法を考え、

貧乏農家は

## すぐにお金を使う方法を考える

社会人になってすぐ、何かの本で読んだ次の言葉をずっと覚えています。

「お金をかけずにできることをまず実行する。それをできる人が1万円を使って1万円以上の価値を生み出すことができる。1万円を使える人が次に10万円を使って10万円以上の価値を生み出すことができる。1万円を上手に使えない人は10万円は上手に使えない。10万円を上手に使える人が、100万円を使って、100万円以上の価値を生み出すことができる。このように少ない金額を使ってその金額以上のリターンを生み出せるならば、大きな金額を使ってもその金額以上のリターンを生み出すことができるようになる」

「小さい金額のお金を上手に使うことができない人は、大きな金額のお金を使っても、価値を生まずに溶かしてしまう」

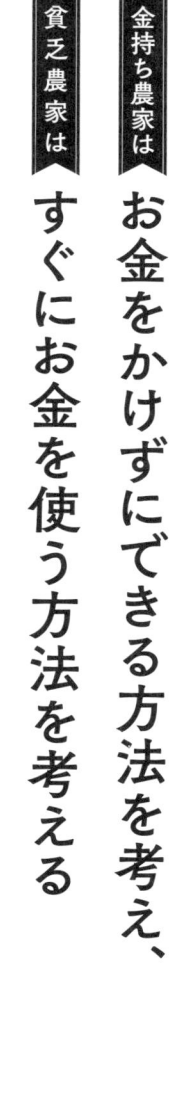

お金をかけずにできること、もしくは小さい金額でできることがたくさんあるのに、それらに取り組まずに、大きなお金をかけて投資をすれば経営が良くなるというのは間違った考え方です。

貧乏農家が貧乏農家から抜け出せないのは、お金を投資してもそれ以上の価値を生み出すことができないからです。では、どこから取り組めばいいのかというと、まずは「お金をかけずにできること（もしくは少額でできること）」をやってみることです。「お金をかけずにできること」がなくなったら、大きなお金を投資していくのです。

たとえば、２０２０年に発売された『東大卒、農家の右腕になる。』（ダイヤモンド社刊）という書籍があります。この本の著者である佐川友彦さんは、外資系企業などを経て、栃木県の**阿部梨園**に入ります。そこで取り組んだのが、小さな改善活動。結果的に３００個の改善活動の事例を「阿部梨園の知恵袋」として、インターネット上で公開しています(https://tips.abe-nashien.com)。

ここには、**お金をかけずに利益を生み出すためのヒントがたくさん詰まっています**。まだ見たことがない方は、今すぐにチェックしてやれることをひとつずつやってみてください。

私が主宰している農家のための勉強会グループ「儲かる農家のオンラインスクール」のメンバーに、お金をかけずにやっていることを募集したところ、多くの事例を聞くことができました。そのうちのいくつかをご紹介しましょう。

複数のメンバーから上がってきたのが「**整理整頓**」です。長野県のある露地野菜農家は、他の農家の視察に行った際に、「整理整頓できている農家ほど経営力が高い」と感じたそうです。

ある女性農業者は、整理整頓をして、「**表示」を徹底して行っている**そうです。どこに何があるかを一目瞭然にして、必ずそこに戻すことを徹底した結果、探す時間や発注漏れ、在庫があるのに発注してしまうなどの問題が解決されたそうです。

整理整頓は見えない利益を生み出します。何をやってもうまくいかないと感じている方は整理整頓から始めてみましょう。

**従業員との関係性を深めるための取り組み**もお金をかけずにできることがあります。

売上が2億円を超え、従業員も50人近く抱えるあるトマト農園の社長は、このように話しています。

「従業員に**感謝の言葉**をいっぱい使っています。社内チャットでも、ほめてスタッフのやる気を引き出しています。これを社長のルーティンとして毎日行っています」

「ドラッグストアに行ったときには、200円以下のお菓子をいくつか仕入れてきます。そして、社内で女性スタッフに、良かったらおやつの時間に食べてね、と渡します。お金はかかりませんが、ムードがよくなって離職率も下がって最高です」

他のメンバーでは、バーベキューや忘年会などの懇親会、餅つきなどのイベントを行う、給料明細にメッセージを書く方、朝礼でコミュニケーションを取っている方もいます。

少しお金はかかりますが、利益が出たときには「**期末賞与**」として従業員にも利益を還元することを心掛けている経営者もいます。給与とは別なので、従業員も予定していなかったサプライズ的な収入となり、少額でも効果が抜群だそうです。


従業員との意思の疎通を効率的に行うという面では、「**LINEグループ**」をフル活用している農家もいます。

「従業員とのLINEグループを作って、作業内容の共有や害虫の発生箇所や注意事項など、写真を交えて随時アップしています。それが蓄積されて同じような症状が出たときはみんなでその過去の投稿を見返すようにしています。これが時間の短縮になり意識の共有にもなって、反収や品質向上に繋がっています」と教えてくれました。

みんなで同じレベルで情報を共有することでストレスも減り、農場全体のレベルも上がります。LINEグループを活用している人は多いかもしれませんが、もしやっていないならすぐにやってみるといいでしょう。

ビニルハウスなどの施設や農業機械は年数が経てば故障箇所が増えてきます。これを業者に頼むと修繕費用が高くついてしまうので、自分で修理、修繕をする農家もいます。修繕を自分でやるとアイデアも出てきて、マニュアル通りにしか動かない業者より格安で修繕できると教えてくれました。

果樹の産地だと、果樹棚ごと廃園になったところから、片付けを手伝う代わりに資材などを無償で譲ってもらったりしているそうです。譲ってもらった資材を使えば、果樹棚の修繕などもできるし、資材の状態が良ければ果樹棚が安価でできます。

いらない資材をもらうという点では、選挙時のポスター掲示の立て看板は毎回新品が使われていて、1回使ったものは二度と使わないので、それを無償でもらって活用している方もいます。

「なるほどなぁ」と感心したのは「**走るの禁止ルール**」です。「走るのは焦るし疲れるし事故の元なので禁止です。走って早くするより、効率よく早く作業することを考えましょう」という想いでこのルールを運用しているようです。

重要なことは、お金をかけずにできることを放置したまま、別のことにお金をかけても効果はないということです。お金をかけずにできることは残っていないか、常に自問自答してみましょう。

まとめ

**金持ち農家への第一歩は、お金をかけずにできることをコツコツとやること**

金持ち農家は

# 朝早くから仕事をし、

貧乏農家は

# 朝ゆっくりと起きて仕事をする

農家の朝は早い。金持ち農家は、飲んで帰った次の日も早起きします。なぜ、金持ち農家は早起きなのか？　今回は農家の早起きについて考えてみます。

**農家が早起きの理由その1**

日の出とともに現場に出ることで、**朝の涼しい気候を利用して作業ができます**。とくに夏場や暑い地域において重要なことです。

その分、お昼の時間にゆっくりと仮眠などをとり、少し涼しくなった夕方から集中して仕事をします。朝が遅いと、朝の涼しい時間帯を有効活用することができません。金持ち農家は、効率よく作業をするために朝早く起きて仕事をスタートするのです。

**農家が早起きの理由その2**

日中と夜間では、植物の生理活動に違いがあります。たとえば、日中は光合成が主な活動になりますし、夜間は呼吸作用が主な活動になります。昼と夜では、水分や養分の吸収の仕方も違ってくれば、光合成で生成した炭水化物を転流させるタイミングも違ってきます。そして、日中と夜間の活動が切り替わるのが、日の出が始まる早朝なのです。

**早朝こそ、夜間に行われた生理作用の結果を確認し、植物の成長に必要不可欠な光合成を始める準備ができていることを確認できる時間帯**です。毎日、観察することでほんのわずかな違いもわかるようになります。

金持ち農家は、毎日早起きし、早朝の植物の状態を観察することで、より良い農業生産を実現しています。

**農家が早起きの理由その3**

収穫作業がメインの時期になると、1日が収穫作業から始まります。収穫をして、出荷調整をし、ＪＡなどの出荷場に持ち込みます。収穫作業で大事なことのひとつが、**適期に収穫すること**。収穫が遅れてしまえば、お金にならなかったり、秀品率が落ちて安値になったりします。収穫がピークになればなるほど、早起きして収穫に取り掛かる必要があります。適期を逃さず収穫できるのが金持ち農家なのです。

**農家が早起きの理由その4**

残念ながら農業はまだまだ労働集約的な仕事です。1日のうちにできるだけ多くの作業を行う必要があります。夜になってしまうと基本的に作業はできませんので、日中にできるだけ多くの仕事をしなければなりません。必然的に朝早くから作業を始めることになります。作業遅れが出てしまうとそれを取り戻すことも大変ですが、**植物の生育に影響を与えることが心配**です。作業遅れの結果、収穫量が少なくなったり、秀品率が下がったりと悪循環になってしまいます。常日頃から、朝早く作業することに慣れていると、いざという時にもしっかりと必要な作業を必要なタイミングで行うことができます。

金持ち農家はタイミングよく作業するためにも早朝から作業を行うのです。

**農家が早起きの理由その5**

農業は天候の変化を常に意識する必要があります。**曇天や降雨など天候が悪いときもそ**

**して晴天のときも然りです。降雨が予想されるときは、雨が降り出す前に必要な作業を終わらせることが大切ですし、晴天のときは、施設園芸などハウス内の気温が上がりすぎないように換気などを行う必要があります。**

天候変化に対応しながら農業経営をするためには、常に前倒しで作業を進めておく必要があります。作業の進捗具合によって農業経営の成否が分かれることもあります。常に前倒しで作業をするためにも、常に早起きして作業の段取りを組み、先手先手で農作業を終わらせることが大事です。

朝早く起きることは、農家にとって単なる日課ではなく、生産性を高めるための選択です。金持ち農家は、効率的かつ計画的に作業を進めることで、お金が残る農業経営を実現しています。

まとめ

**金持ち農家は常に早起き**

## 金持ち農家は「隙間時間」を有効活用し、
## 貧乏農家は「隙間時間」を浪費する

金持ち農家と貧乏農家は、時間の使い方に違いがあります。

そのひとつが「隙間時間の活用」です。

「隙間時間」とはどんなものかというと、たとえば、何かの待ち時間や短い休憩の時間、移動時間などがあります。天気によって予定した作業ができないときも「隙間時間」になるかもしれません。1日の仕事が予定より早く終わった場合も「隙間時間」が発生したと言えます。さらに、単純な農作業の時間は、手足は動いていても、耳や脳が空いていることがあります。これも「隙間時間」に入れてもいいのではないでしょうか。

このような「隙間時間」は、書き出してみると1年間で膨大な時間になるはずです。「隙間時間」をどう使うのか意識することが、金持ち農家への一歩になります。

農業経営における「隙間時間」は、**大きな隙間時間、小さな隙間時間**、身体は使っているが**「耳や脳」は空いている時間**の3つに分けられます。

1つ目の「大きな隙間時間」は、天候によって予定した作業ができない場合や予定していた作業が早めに終わったときなどに発生します。この「大きな隙間時間」を有効活用するために、常に「大きな隙間時間」ができたときに行う仕事（タスク）を用意しておきましょう。

たとえば、「除草作業」や片付けなどの「整理整頓」、機械などの整備や点検、経理処理の事務作業などが挙げられます。

スマホのメモ機能などを使って、「大きな隙間時間」ができたときに実施する仕事を書き出しておくと便利です。

やるべき仕事を一覧表として書き出しておくことを「タスク管理」といいます。この「タスク管理」を頭の中だけでやろうとすると肝心なときに思い出しづらいので、手帳に書き出したり、スマホの中にメモとして残しておくことをお勧めします。隙間時間ができそうなときに手帳やスマホを見ることで思い出し、必要な作業をすることができます。

２つ目の**「小さな隙間時間」を活用する方法**として、たとえば、簡単な整理整頓や前述したタスク管理の確認、今後のスケジュールの確認、栽培環境データの確認、短い連絡事項の処理などがあります。

簡単な整理整頓では、ゴミを捨てたり、作業場や車の中を整理整頓したり、デスク周りの整理や小さい片付けをして環境を整えましょう。

タスク管理や今後のスケジュールの確認は、小さな隙間時間で行うのに適しています。５分程度の時間で、タスクの漏れがないか、スケジュールどおりに作業が進んでいるかなどを確認しましょう。

施設園芸などで環境モニタリングの機器を導入している方は、スマホでハウス内の環境などを見ることができます。その場合は、ちょっとした隙間時間に現状を確認することができます。市況（相場）なども少しの時間さえあればスマホでチェックすることができるはずです。

短い連絡事項もタスクの中に入れて隙間時間にやってしまいましょう。ＳＮＳを使ってもいいし、電話でもいいですね。

隙間時間とは別に、3つ目の**身体は使っているが「耳や脳」は空いている時間もあります**。これは、移動時間やルーティンワークをやっている時間です。農作業は単純作業が多いので、身体は使っているけど「耳や脳」が空いている時間というのは意外とたくさんあります。

この時間はぜひ勉強の時間に充ててください。スマホが一般的でなかった時代は、ラジオを流しながら農作業をすることがほとんどだったと思いますが、今はスマホで自分が得たい情報を聞きながら農作業することができます。書籍を読み上げて、耳で聞けるようにした「オーディオブック」が多く発売されています。

また、VoicyやPodcastなどの音声配信プラットフォームも盛んです。農家に有益な情報を発信している方や農家自身が配信している場合もあります。

まとめ

**金持ち農家は隙間時間の使い方が上手**

金持ち農家は

# お金に種類があることを知っている。

貧乏農家は

# お金に違いがあることを知らない

みなさんは、**お金に種類があること**をご存知ですか？　農業経営で使われるお金や、手に入るお金には、さまざまな種類があります。金持ち農家はこのことをよく理解していますが、貧乏農家は気づいていないことが多いです。

どんな種類のお金があるのか解説していきましょう。

大きく分けて、生活するのに必要な「**生活資金**」と農業経営を継続して行うために必要な「**事業資金**」になります。そして、多くの農家は、この「生活資金」と「事業資金」の区別ができていません。いわゆる「ドンブリ経営」ですね。ひと昔前までは「ドンブリ経営」でもなんとかやっていけました。しかし、経営環境が厳しくなっているとしたら「**脱ドンブリ経営**」が、**金持ち農家への第一歩**です。

「生活資金」と「事業資金」を分けて管理する一番簡単な方法は、財布を分けることです。通帳も分けましょう。物理的に分離して管理するのが最も簡単な方法です。

事業で使っている通帳から、毎月定額（生活に必要なお金）を生活資金用の通帳に移動させます。まずはこれだけで大丈夫。生活資金は生活資金用の通帳のお金から出金して使いましょう。クレジットカードも事業用と生活用に分けて、2枚持つようにします。引き落としをそれぞれの通帳にしておけば、比較的簡単に生活資金と事業資金の区別ができます。

家や車（家庭用）などの返済は、生活に必要なお金なので「生活資金」の中で賄うようにしてください。

次に、「事業資金」ですが、こちらは次の3つに分けられます。

◆「設備資金」機械や施設などを購入する
◆「運転資金」肥料や農薬、人件費などの支払いに充てる
◆「返済資金」借入の返済に充てる

「設備資金」は、借入しやすい資金になります。補助事業などを活用して、補助金＋借入金で対応することも可能です。新規就農の方は、農業を始めるために農業機械や農業用施設を取得するための一定額以上の「設備資金」が必要になります。全額借入をするのか、ある程度、手持ち資金が貯まってから農業を始めるのかという判断が必要になります。

「運転資金」とは、設備資金以外で農業経営に必要なお金のことです。大きなものは人件費や燃料代、肥料代や農薬費などがあります。毎年もしくは月ごとに必要な運転資金をあらかじめ計算して、支払える状態かどうかをチェックしましょう。「運転資金」の見積もりが悪いと資金ショートしてしまうことになります。

「返済資金」は、借入の返済に充てるお金のことです。最近は、リースで機械や施設を取得する場合もありますので、リースの支払いもこの「返済資金」に近いものがあります。農家の中には、ご自身の年間返済金額を把握していない方もいます。自分が毎年、いくら返済しないといけないのかをきちんと把握しておきましょう。念の為に言いますが、「返済金」は「経費」ではありません。利益が出た中から返済をする必要があります。つまり、赤字経営では返済ができないことになり、農業経営が続けられないことになります。

「返済資金」を考える上で、経費の中の「**減価償却費**」という項目について理解しておく必要があります。「減価償却費」とは、10万円以上の固定資産を取得した場合に、その取得金額はその年の経費になるのではなく、取得した固定資産が使用可能な期間にわたって分配して経費計上する方法です。固定資産とは、トラクターなどの農業機械やビニルハウスなどの施設がそれにあたります。

たとえば、７００万円でトラクターを購入したら、トラクターの耐用年数（法律で決まっている何年に分けて経費計上しなさいという年数）は7年なので、毎年１００万円ずつを経費にします。その経費科目が「減価償却費」になります。しかし、トラクターの代金は、現金や借入などで購入時に一括支払いしていますので、2年目以降は、経費計上するけれど、現金は出て行かない経費になります。つまり、きちんと農業経営をしていれば、「減価償却費」分は手元にお金が残っているはずなのです。

そこで、借入金の返済はこの「減価償却費」を原資にして返済することをお勧めします。つまり、**「減価償却費」より返済額が少なければ、比較的簡単に返済することができます。**逆に、「減価償却費」以上に返済額があるならば、利益が出た金額から税金分を支払って、その残金から返済することになります。「減価償却費」内で返済するより資金繰りの難易度が上がってきます。

また、運転資金が足りないときに運転資金を借入してその返済がある場合は、「減価償却費」とは関係のないお金になりますので、利益から税金を支払った残りのお金で返済する必要があります。どうしてもお金が不足したときはしょうがないですが、できるだけ運転資金の借入はしないように心がけましょう。

このようにお金にはさまざまな種類があります。金持ち農家はお金の種類を理解して、お金がきちんと手元に残るように経営をしています。逆に、貧乏農家はお金の種類を知らず、管理もしないので、いざというときにお金がないし、もしかするとお金が手元にないことにすら気がついていないかもしれません。

さて、あなたはどちらでしょうか？

まとめ

**金持ち農家はお金が種類によって違うことを知っている**

金持ち農家は

# 農繁期と農閑期を上手に過ごし、

貧乏農家は

# 農繁期に稼げないので農閑期が不安になる

農業経営が難しいのは、農繁期と呼ばれる忙しい時期と、農閑期と呼ばれる仕事量の少ない時期があることです。

農繁期には収入がありますが、農閑期には無収入になるため、従業員への給料やその他の支払い、自分たちの生活費は、農繁期に稼いだお金で賄わなければなりません。

農繁期と農閑期について、2つの考え方があります。

1つ目は、できるだけ**農繁期と農閑期の差を少なくし、仕事を平準化しようとする考え方**です。経営規模が大きく、従業員数が多いと、固定費が多くかかります。その固定費を支払うためにできるだけ、収入のない時期を少なくしたいと考えます。この考え方は、規模が大きく、従業員数を多数抱える農家に多い傾向ですが、一年中農業ができる地域でないと農閑期を少なくすることは難しいです。

2つ目は、**農繁期にしっかり働いて、農閑期は休むという考え方**です。北海道や東北地方など積雪が多い地域では、冬場は農業ができませんので、農繁期に稼いで農閑期は休みます。また、九州などの地域でも夏場は暑過ぎて農業ができないので、夏場が農閑期になります。

この「農繁期と農閑期の差をできるだけ少なくする経営」と「農繁期と農閑期がある経営」。どちらかが優れているというわけではありません。地域や生産品目、そして経営者の考え方である「どんな農業がしたいのか」によって選択することになります。

まずは、「農繁期と農閑期がある経営」の事例を見ていきましょう。

父親から事業継承したAさんは、福岡県で果樹を生産しています。

「僕は果樹を作っているので収入があるのは6月から8月の3カ月間のみです。農閑期は無収入になりますが、そんなものだという認識があります。サラリーマンの友人などには驚かれますね。同じ果樹農家でも、収入がない時期を少なくするために、複数品目の果樹を生産する方もいますが、品目を絞って生産に集中したほうが儲かります。近隣の果樹農家も品目が少ない人のほうが儲かっています」

長野県で新規就農3年目のBさんはりんごとぶどうの栽培に取り組んでいます。Bさんは、農繁期と農閑期があるから、農業を選んだそうです。

「私の場合は、スノーボードが好き過ぎて、長野県で果樹農家になりました。冬は山にこもって、スノーボード三昧。そのために夏に頑張って働きます。冬場は無収入ですが、心配になったことはありません。農閑期を含めて、1年分の収入を夏場に稼げばいいだけなので。決まった時期に忙しいけど、1年分の収入があることは、実は安定していると感じています。就農当初は、資金繰りは大変でしたが、あとは計画次第なのかなと思っています。農繁期、農閑期があるおかげで、趣味や性格に合った生活を送れています」

**果樹農家は農繁期と農閑期がはっきりした業種になります。**だからこそ、1年間の計画が大切です。またその特性を活かしたライフスタイルが送れる強みもあります。

九州などの暖かい地域で野菜栽培を行っている農家の中には、農繁期と農閑期がある農業スタイルを実践している人もいます。九州地方は夏場に気温が高くなり過ぎるため、野菜を上手に育てるのが難しく、品質が低下した野菜は安値でしか取引されません。これが原因で赤字になることもあります。そのため、無理に夏に生産するより、夏場は休みにしたほうが利益が残ることがあります。とはいえ、夏場に稲刈りや農場の片付け、次の生産の準備があるため、完全に仕事がなくなるわけではありません。

それでは「農繁期と農閑期の差をできるだけ少なくする経営」をしている農家はどのように考えているのでしょうか。

農業経営を個人事業から法人化し、規模を拡大していくと、従業員を年間雇用するために一年中、仕事と収入が必要になります。家族経営から脱却した農業経営をしている方は、「農繁期と農閑期の差をできるだけ少なくする経営」を目指すことになります。これを実現するには、まず四季を通して**一年中、農業ができる地域かどうかが大切**です。とくに北日本で気温が氷点下まで下がる時期が長かったり、豪雪地帯であったりする地域は冬場に農業生産ができません。したがって、これを実現するには、温暖な地域で農業をする場合に限られます。そして、農繁期と農閑期がはっきりしている果樹ではなく、野菜を中心に一年中栽培することになります。施設園芸を中心に組み立てるか、露地野菜の品目を変えながら周年栽培するかの2択になることが多いでしょう。

とはいえ、1年の中では忙しい時期と時間に余裕がある時期が出てきてしまうのが農業。「農繁期と農閑期の差をできるだけ少なくする経営」を成功させるには、仕事はあるのだけど、それでも時間に余裕が出てしまう時期に従業員にどのように働いてもらうのかを工夫しなければなりません。経営者としては、給料だけ払って収入がないといつまで経っても金持ち農家になれません。実際に金持ち農家がどのような対策をしているのか事例をお伝えします。

まずは、社員にもパートにも**有給休暇を100%取得してもらいます**。社員には夏季休暇などの長期の休みを付与する金持ち農家もいます。

次に、働き方の多様化に着目し、扶養の範囲内で働きたいパートさんなどは、農閑期に休んでもらい出勤日数などを調整して扶養内で働けるように配慮します。このように従業員に有給休暇の取得を促進したり、長期休暇を付与したり、多様な働き方を提供することで従業員満足に繋がり、雇用が継続する可能性が高くなります。

高知県で施設園芸を営む売上1億円を超える農家は、

「しっかりと賃金を支払っていれば、雇用は継続してくれます。そのためにも農業経営の成長と生産規模の拡大、中長期のビジョンが重要です。それがないと働く人に給与を払い続けることも昇給することもできないので、経営者としての責任をことあるごとに感じています」と話してくれました。

まとめ

**金持ち農家は自分のスタイルに合った農繁期・農閑期を過ごしている**

## 金持ち農家は 掛け払いをしない。

## 貧乏農家は いつも掛け払い

北海道のＪＡには「**クミカン**」という仕組みがあります。正式名称は「農協組合員勘定制度」といい「組勘（クミカン）」と呼ばれます。また、他県では「営農口座」と呼ばれている同じような仕組みがあります。

これらは簡単にいうと「**盆暮払い**」の仕組みです。

農業は、肥料や農薬などを購入し、人件費を払ってから作付けをスタートします。そして、数カ月後にやっと手元にお金が入ってきます。つまり、現金化するまでに時間がかかります。資金繰りが厳しい農家は、作付けをスタートするための種代、肥料代、資材代などを払う現金を持っていないのです。クミカンとは、作付けをスタートするために必要な生産資材の代金は、収穫して、収入が入ってから払ってもいいよという仕組みです。

ＪＡがこのような仕組みを持っているので、地元の生産資材会社も同じように「盆暮払

い」を可能にしているところが多いはずです。

一見すると農家のためのいい仕組みのように思えますが、本当にそうでしょうか？最初に投資した金額以上に収入がなければどんどん赤字が膨らんでいきます。しかし、それでも農業が継続できてしまうので、さらに赤字が膨らんでしまうという現実もあります。つまり、お金の管理をしないでも農業が継続できてしまう仕組みになっているのです。気がついたときには、口座残高のマイナスが数百万円、数千万円になっているという話も聞きます。

農業以外のビジネスにも同じような**「掛け払い」**はあります。しかし、農業以外のビジネスでの「掛け払い」は、1カ月後や2カ月後の支払いで、農業のように半年以上の期間を設定するものは少ないと思います。

この「掛け払い」に対する考え方も金持ち農家と貧乏農家では大きく違っています。

貧乏農家は、「クミカン」や「営農口座」があるので、お金の管理を疎かにしがちです。お金がなくても農業が続けられるので、口座残高がマイナスになってもあまり気にしません。口座残高がマイナスということは、ＪＡなどからお金を借りているということです。

その分、利息を支払う必要があります。また、生産資材会社から購入する場合も、支払いを待ってくれているということは、資材屋が立て替えをしているということで、無駄な経費が発生しています。その分、高く資材を購入していることを認識しないといけません。

**金持ち農家は、生産資材などを購入したらできるだけその場で（購入したタイミングで）支払いをします。**なぜなら、現金を持っているし、その場の支払いのほうが安く買えることを知っているからです。また、半年も遅れて請求書をもらっても経費の管理が難しくなります。いつどのくらい購入したのかがわからなくなりますし、手元に自分のお金がどのくらいあるのかという管理もややこしくなります。

「クミカン」や「営農口座」のようなものがあることで、農業経営がしやすくなる反面、農業経営のお金の管理を怠るようになり、その場限りの「ドンブリ経営貧乏農家」ができ上がるというわけです。

まとめ

**金持ち農家になりたければ、今すぐ、長期の掛け払いはやめよう**

# 第4章

# 金持ち農家の「農業経営」

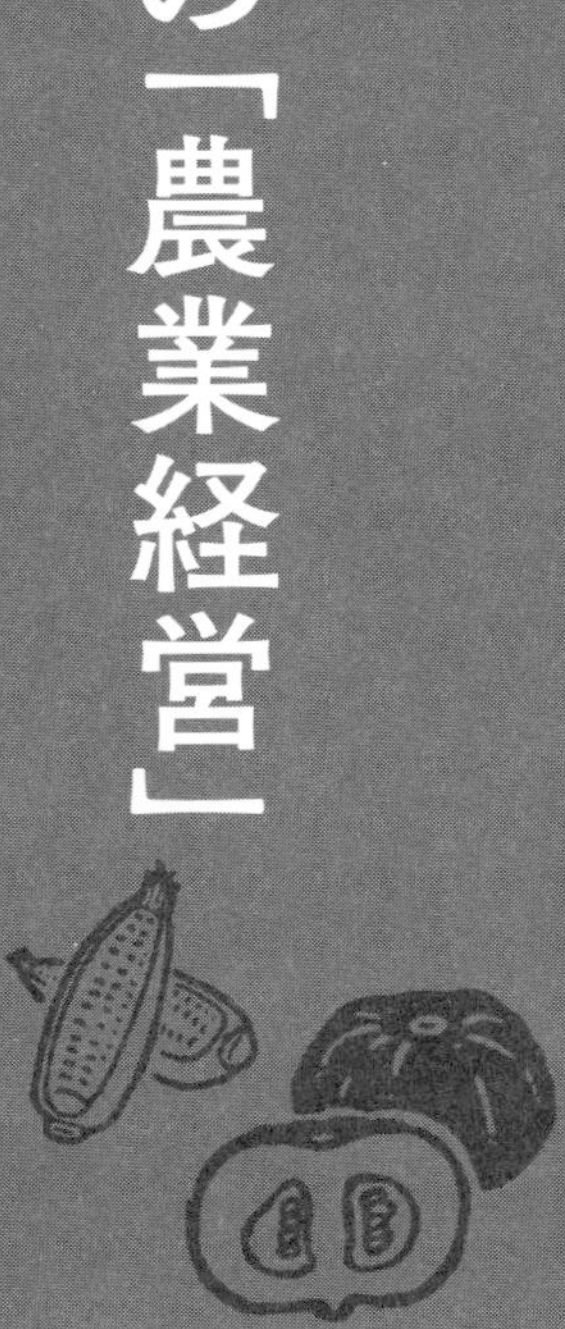

# 金持ち農家は経営者になり、貧乏農家は生産者のまま



農業する人を指す言葉には「農家」「生産者」「農業者」などがあります。今は一般的ではないですが、「農民」「百姓」などと呼ばれることもあります。

広辞苑（第7版）で調べてみると、

「農家：農民の住居である家、農業を営む世帯」「農民：農業に従事する民、農業を生業とする人」とあります。「百姓」は「農民」と同じ意味だそうです。

「生産者」は、生産に携わる人または主体とあり、その対義語は「消費者」です。「農業者」は広辞苑には出てきません。

農家を「農業経営者」と表記することもありますが、広辞苑には記載されていませんでした。

なぜこのように、農業を営む人の呼び方を調べたのかというと、金持ち農家と貧乏農家では**「経営をしている意識」**があるかないかに大きな違いがあることに気がついたからです。

「経営」を広辞苑で調べると、**「継続的・計画的に事業を遂行すること。経済的活動を運営すること。またそのための組織」**とありました。

広辞苑の言葉を借りると「経営をしている意識」とは、**「農業を継続的・計画的に行うこと」**そして**「経済的活動として運営すること」**。そのために**「組織として運営すること」**なのではないでしょうか。

売上がもうすぐ1億円を超えるある農業生産法人の代表は、経営に対してこのように話します。

「表現が正しいかわからないですが、農業に流れ着いてきてしまう方は経営者ではないなって感じることが多くあります。そういう方は、お金じゃなくて『私はただ美味しいものが作りたい』とおっしゃるのですが、それだけでは農業は続けられません。お金がないと続けられないと思うんですけどね」

「やっぱり農家も経営者だから、当たり前に収益を出して、家業ではなく事業化して持続することが必要で、それが経営なのかなと思います」

ある南九州の農家は、周りの年配の農家が**「でけたしこ」**と言っているのに違和感を覚えているそうです。「でけたしこ」とは、「できただけ」という意味です。つまり、どのくらい売上があり利益が出るかは、やってみなければわからないという意味になります。「農家はでけたしこ。博打たい」と年配の農家がよく言うそうですが、心の中では、「博打じゃ生活できないよな」と思っているそうです。計画も目標もなく、ただ作って、うまくできればいい、相場が良ければいい、結果は天候や相場任せという考えの農家も昔は多くいたし、今でも多いのかもしれません。しかし、**「できただけ」では、農業を継続することは難しい時代になっていることは、現場の農家が一番感じていること**ではないでしょうか。

就農3年目で、もうすぐ売上4000万円に手が届きそうなトマト農家は、農業生産の厳しさ、難しさは想像していたそうですが、農業を始める前は、経営のことはピンときていなかったようです。

「前職が市場の仲卸で働いていたので、農業の大変さっていうのは、農家と付き合う中でなんとなく想像できていて、自分の想像の枠を越える大変さはなかったと思います。農業が楽というわけではなくて、『このぐらいは大変だよね』っていう感じですね。

ただ、今思うのが『経営』に関しては農業を始める前に想像ができなかったというか、ここまで考えないといけないのかというギャップはありました。栽培とかは、見える部分なので研修中とかにもわかるんですけど、**経営やお金の流れはなかなか見えない**じゃないですか。農業を始めて2年目に、農業をするということは、作るだけではなくて経営者にならなくてはいけないんだと自覚しました。栽培することももちろん生産者として大事なんだけど、お金の面も含めて、経営もしないといけない。その両輪を回していかないと続かないなと。だから、最近はすごく『経営』を意識しています」

「農業経営」を意識することが農業を継続する秘訣のひとつ、金持ち農家になるコツです。でも「農業経営」を意識するといっても、具体的に何をすればいいのかわからない方もいるかもしれません。そこで、具体的に今すぐにできるアクションを3つお伝えします。

1つ目は、**「確定申告（決算書類）」の数字を意味が理解できるまで読み込むこと**。「農業経営」を意識するとは、数字を意識することです。数字は確定申告書（決算書類）に表れています。まずは、確定申告（決算書類）を理解することから始めましょう。

2つ目は、農業生産をできるだけ数字に落とし込んでみましょう。とくに**収穫量と販売単価や販売金額**です。金持ち農家は、もれなく収穫量や出荷量を記録しています。収穫量や出荷量が増えることが経営の安定に繋がります。できていなければ、さっそく日々の収穫量と出荷量を記録してみましょう。

3つ目は、**農業以外の事業をやっている方と付き合ってみる**ことです。経営者の集まり、勉強会は各地で開催されています。普段出会うことのない人の中に入っていくのは勇気が必要ですが、それでも他の経営者と話すことで自分自身の経営を見直すきっかけになります。

まとめ

**金持ち農家は生産だけでなく、農業経営をすることを意識している**

## 金持ち農家は 経営の見える化で不安を解消する。
## 貧乏農家は いつまで経ってもお金の流れを理解しない

農家の多くは不安と戦いながら農業経営を続けています。

その不安とは「**お金の不安**」が大部分を占めています。

農業経営を継続するために必要なことは、**「翌年の農業をするため」と「生活していくため」の手元資金を残すこと**です。来年も農業が続けられるのか、自分たちの生活は大丈夫だろうか、この不安が一番大きいと思います。

お金の不安を少しでも解消するためには、自分自身の経営状況を把握することが大切です。具体的には、「お金の流れ」をしっかりと理解すること。たとえば、農業経営にどれだけのお金が必要か、生活資金や来年も農業を続けるための資金がいくら必要かを知ること。そして、そのために今年どれだけの売上を上げる必要があるのか。その売上を達成するためには、どれだけの出荷量が必要か……。

これらを具体的な数字で答えられる農家は、経営状況を把握していると言えます。一方、すぐに答えられない人は、経営状況が把握できていません。

環境制御型ハウス70アールでミニトマトを生産する農業生産法人の代表は、農業経営を勉強したことで、経営の不安が解消されたと言います。もともと、JAの指導員だった彼は栽培技術の面ではそんなに心配はなかったと言います（それでもうまくいかないことだらけだったらしいですが）。ただし、経営面での不安が大きかったそうです。

そこで、経営の勉強のために有料の講座を受けたり、個別コンサルを申し込んだり、法人化したタイミングで税理士と経営数字の確認をしたりして、経営面のスキルアップを図っていきました。勉強を続けるうちに、経費の中で必要なものと無駄なものが見分けられるようになり、以前は曖昧だった部分がはっきりとわかるようになりました。その結果、農業をやっていく上での不安が少なくなってきたそうです。

「なんとなくでも不安があると守りに入ってしまうんですけど、お金の流れが見えてきたことで、**この程度までなら使っても大丈夫だという自信が出てきて、チャレンジもできます**。守りに入るところと挑戦していくところが明確になったので、今はいい感じで歯車が回っている感覚があります」

「たとえば、暖房機を多めに回してみたりして、どのくらい収量が上がるかを試してみたりしています。お金の流れがわからないときは、不安でそんなことはできなかったのですが、今は、これくらい投資してこの結果になれば、収益が上がると読めるようになったので、やってみてダメなら、違うところを改善すればいいと思えるようになりました。どんどん新しいことにチャレンジしています」

「今は、ミニトマトが従業員に任せていても大丈夫になったので、新しい品目にも挑戦しています。最初はコストばかりで利益が出ないのですが、お金の流れが見えているので心配せずに楽しんで農業をやっています」


また、法人化3年目のある農業経営者は、JAが実施している経営コンサルを利用して事業計画の分析をしています。

「決算書類と事業計画を見て話をすることで、どこをどのように見ているのかがわかるようになったし、自分たちも数字を理解することができて、経営に対する考え方が今までと全然違ってきたと感じています。お金の流れを整理して、理解することが本当に役に立っています」


農業経営を勉強することで、お金に対する漠然とした不安が少なくなります。

まずは、手元にある確定申告書などの決算書類を丁寧に見ていくことから始めてみましょう。そこには、項目と数字が並んでいます。項目の意味と数字の意味を一つひとつ確認してみてください。そして、わからないことは、まずネットなどで検索してみて、それでもわからないときは専門家に聞いてみてください。根気よく決算書類を見ていくと数字の意味がわかるようになってきます。

次に、過去と最新の決算書類を見比べてみましょう。それぞれの数字がどのように変化しているのか。その変化があなたの農業生産、農業経営の結果になります。

数字はいい方向に変化していますか？　それとも悪い方向に変化していますか？

それがわかるようになると、自然と改善点もわかるようになります。

まとめ

## 金持ち農家は経営を学ぶことでお金の不安を解消する

## 金持ち農家は 利益を重視、
## 貧乏農家は 売上を重視

「利益と売上」はどちらも大切です。一定以上の売上がないと利益も出ません。しかし、売上が大きくても利益がなければ、農業は継続できません。実際の農業経営ではどちらを重視するのが正解なのでしょうか。

先述した、土作りのスペシャリストでありご自身でも農業経営をしながら、全国の農業経営者を指導している**農業生産法人うしおだ株式会社**代表の潮田武彦さんは、大学を卒業後に新規就農者として農業をスタートしました。

JAから借入をし、面積をどんどん拡大しながら露地野菜の生産と販売を行います。しかし、売上は増えていくのですが、なぜか借入の返済ができず、逆に借金だけがどんどん増えていく状態だったそうです。まさに自転車操業です。その頃の潮田さんの**時給は30**

**0円**ぐらいだったと言います。周りにこれ以上借りることができる農地もなくなり、仕方なく面積を少し減らすことになります。

「面積が減るので、売上も減ってしまう」と思っていたところ、なぜかいつもの年よりも多くの利益が出ました。そこで借入金も少し返済することができました。「面積を減らしたことで利益が増えた」ことを体感した潮田さんは、次の年も面積を減らします。**すると さらに利益が増えたそうです。**最大15品目の野菜を作っていましたが、面積を減らすと同時に、栽培品目も絞っていきました。最大時には4ヘクタール以上を耕作していましたが、今では30アールの畑で「にんじん」だけを作り、それをすべてにんじんジュースにして販売しています。宣伝しなくてもリピートだけで売り切れてしまう大人気商品だそうです。

この経験から潮田さんは「**集中するものは拡張する**」と言います。つまり、面積・品目を集中することで、利益が増えていく。面積を縮小しても利益が増えて、農業経営は拡張するという意味です。

この事例からは、農業経営を継続させるには、売上よりも利益を重視するほうが大切だとわかります。しかし、多くの新規就農者や農業経営者は利益重視の経営をすることができません。それはなぜでしょうか？

その理由は、「面積が減り売上が減ると、利益も同じように減る」という漠然とした不安を持っているからです。

農業経営を数字で捉えていないと、次のようなことが思いもよらないのです。

◆面積が減り売上も減る一方で、それ以上に経費が減り、利益が残る可能性が高いこと
◆面積や品目を減らすことで、今まで管理が不十分だったものに管理が行き届くようになること
◆生産性が上がり反収と秀品率が上がることで、想定よりも売上が減少しない可能性があること

私も、経営規模が過剰で利益が出ていない農家には、面積を減らすことをアドバイスすることがよくあります。また、多品目を生産している農家には、**多くても2〜3品目に絞ることをお勧めしています**。

潮田さんは、面積と品目を絞ることで、土作りを徹底して行い、高品質のにんじんを作ることに成功します。結果的に、誰にも作れない高品質の「にんじん」を生産し、それをさらに高単価のにんじんジュースにすることで、唯一無二の商品を作ることに成功したのです。原料である「にんじん」の品質が他と違うのですから、差別化できる商品になっているといえます。

もし、この本を読んでいるあなたの農業がうまくいっていないのなら、売上ではなく、利益を重視してみてください。そして、面積を減らしたり、品目を集中したりすることで利益が増える可能性が少しでもあるなら、ぜひチャレンジしてみてください。その結果、利益が増えたら、その利益率を維持したまま、面積の拡大、品目の拡大をして、売上と利益の拡大を図ればいいのです。

まとめ

## 金持ち農家は、あえて規模を縮小することで利益を増やす

## 金持ち農家の 成功する規模拡大、
## 貧乏農家の 失敗する規模拡大

農家からのよくある質問に「規模拡大」に関するものがあります。

「規模拡大をしたいのですが、大丈夫でしょうか」

「規模拡大のタイミングを教えてください」

「規模拡大をしたいのですが、資金がなくてできません。どうしたらいいですか」

などと質問されます。

そこで、本項ではどうしたら失敗しないで規模拡大ができるのか考えてみます。

### (1) 規模拡大したい理由はどこにあるのか?

農家が規模拡大したい理由は、次のようなところでしょうか。

◆ 売上、利益が少ないので規模拡大して売上、利益を増やしたい

◆売上規模が大きい農業生産法人を目指しているのでどんどん規模拡大したい
◆地域の高齢農家が離農して農地が集まってくるので、それらを引き受けないといけない

これらの理由で規模拡大を目指すことは悪くありませんが、一方で**金持ち農家の規模拡大する理由には、「従業員を雇用するため」「自分の時間を作るため」**というものがあります。「人を雇用するほどではない」売上規模の農業経営があります。これは言い方を換えれば、「人を雇用するほどは利益が出ていない経営」です。このステージの農業経営者は、自分で農場に出て「農業生産」を行う必要があります。昼間は農場で「農業生産」をして、夜は計画を立てたり、経理をしたりします。この状態だと「農業生産」に時間を取られますので、出荷はおのずとＪＡや卸売市場などになり、自ら販売することは時間的にほぼ不可能です。

たまに、このクラスの農業経営者でも自分で販売している方もいますが、そのような方は、農場の面積が小さいために売上も小さかったり、農業生産が疎かになっていい品質のものを作れなかったりしていることが多いようです。結局は、儲からない農業経営になっています。

売上が億を超える農業経営者に「どんな理由で規模拡大をしていったのですか？」と質問したことがあります。彼らが声を揃えて答えてくれたのが、「人を雇用するため」そして「自分の時間を作るため」でした。

従業員を雇って農業生産を任せるためには、ある一定規模の売上が必要です。その売上を作るために規模を拡大します。農業生産を従業員に任せることができたら、自分が農場に入る必要がなくなります。そこで、営業活動をしたり、将来の計画を立てたり、利益を増やすための方法を考えたりと経営者としての仕事に時間を多く費やすことができます。

これは、農家・生産者から経営者になるために必要な考え方になります。

## (2) 規模を拡大したい理由は、問題解決になっているか

次は、「規模を拡大したい理由」が「あなたの課題を本当に解決する方法なのか」と一度、立ち止まって考えてみることが大事です。

「失敗する規模拡大」の典型として、売上、利益が少ないからそれをカバーするために規模拡大することが挙げられます。現状の経営面積で売上と利益を最大化できているなら、次の打ち手として規模拡大しても成功する確率が高いと思います。しかし、現状の経営面

積で売上、利益を最大化できていないなら、規模を拡大することで状況はもっと悪くなる可能性が高いのです。その理由は大きく2つあります。

1つ目は、利益率が低いのに経営面積を増やしても、仕事量が増え、農場の管理が行き届かず、さらに利益率が低くなる可能性が高いこと。

2つ目の理由として資金繰りの悪化が挙げられます。利益率が低い農業経営の場合、資金力も乏しいことがほとんど。面積を増やすと、増やした分、経費も増えます。その経費の支払いのために資金繰りが悪化する可能性が高いのです。もし借入をするなら金利も支払わないといけないので、さらに利益率が下がります。

売上、利益が少ないという理由で規模拡大をしたいと考えている農家は、**まずは今の経営面積で売上、利益を最大化することを考えるのが優先事項**です。貧乏農家が規模拡大で経営状況を改善しようとしても、さらにお金を失う結果になるのです。

## (3) 経営者としての管理能力が規模拡大の成否を分ける

規模を拡大して成功する農家と失敗する農家の違いは、経営者としての管理能力の違いにあります。言い換えると、経営者としての能力が規模拡大を制限することになります。

これを「**農業経営における規模拡大限界点**」といいます。「規模拡大限界点」とは、規模拡大を進める上で、ある一定規模の農業経営になると利益額が下がっていく地点のことをいいます。通常、規模を拡大すれば利益額は増えていくことになります。しかし、この「規模拡大限界点」を超えると利益額が減少するのです。そして、この「**規模拡大限界点」を決めるのが経営者の管理能力**です。経営者の管理能力とは具体的に、農場管理、従業員管理、営業販売管理、資金管理などになります。まさに経営者として必要な能力のすべてです。

もし、あなたが規模拡大したけれど利益額が減ってしまったとしたら、あなたの経営者としての能力が不足していて「規模拡大限界点」を超えてしまって利益額が減少したことになります。どの管理能力が不足していたのかを見極め、対策することが大事です。

農業経営においては、経営規模を拡大することが必ずしも重要ではありません。大事なことは、あなたが理想とする農業経営規模で利益を出し続けることです。

まとめ

**金持ち農家は管理能力が高く「規模拡大限界点」が高い**

金持ち農家は
## まず農業で生活することを目指し、

貧乏農家は
## 自分のやりたいことを優先する

家業を継ぐのか新規で始めるのかの違いはあれど、農業を始めるときはみんな、それぞれの理想の農業の姿を描いているはずです。

「お客様と直接つながる販売がしたい」
「無農薬や無化学肥料で野菜を育てたい」
「たくさんの種類の野菜を作って届けたい」
「自分が作った野菜や果物で加工品を作って売りたい」
「週休2日で休める農業がしたい」

など、新規就農希望者の話を聞くと夢や希望がたくさん出てきます。

農業を始めることは、起業することと同じですから、やりたい農業を目指すのも自由で

す。ただし、**同時にその責任も自分で取らなければなりません**。

では、責任とは何か？　一番大きいものは「お金」です。農業を続けるための「お金」も必要ですし、収入を得て生活していくための「お金」も必要です。

理想の農業を実現するために、金持ち農家はどんなことを考えて農業をスタートさせたのでしょうか。

ＪＡ部会でいつも1番の成績を収めている宮崎県のミニトマト農家は、このように語ってくれました。

「農業を始めるときには何のこだわりもなかったです。何が作りたいとか、どんな農業がしたいかなんて考えていませんでした。これで食っていかないといけない、家族を養っていかないといけない、そんな思いで必死でした。先輩農家の話を聞いて、がむしゃらに働いた結果、10年前に20代で家を建てることができました。29歳でギリギリでしたけど」

今は朝4時半に起きて、近くの海岸でサーフィンをして、そのあと農業をする生活スタイルを満喫しているそうです。

また、千葉県で露地野菜を生産している農家は、次のように語ります。

「新規就農するときから、栽培も販売もやる農業は、苦労するからやらないと決めていました。産直ECとかで自分で売ろうとしてすごく苦労している人を見ていたので、自分はそのスタイルはやらないでおこうと決めていました。最初の品目は、スイカとにんじんから始めたんですけど、理由はJAの主力品目だったからです。まずはJAの販売のインフラがある品目を選んで、そして栽培に集中して、まともなものを作れるようになろう、と決めて新規就農しました。農業で食っていけるようになるまで、最短距離で行こうと思っていました」

「だから、新規就農の相談があっても、『**生活できるレベルまでは、もうただ数字を積み上げて、現実的に最短距離で行ったほうがいい**』と伝えています。収益が出ないと大変なことってたくさんあります。利益が出ていれば、来年はこの機械を買ってもっと楽になるとか、採用もできて身体的な負担も減るとか、未来に対して希望が持てます。そこまでは、もうめちゃめちゃ現実的に行ったほうがいいって言いますね」

この農家、現在は農家民泊の運営をしたり、庭先での直売をスタートさせたりしています。

農業を始める上で大切なことは、**農業で成功することではなく、農業を継続することです**。やりたい農業よりも続けることができる農業を目指すこと。そして、農業経営を継続できる余裕や自信が身についたら、やりたい農業や生活スタイルを実現させる方向に舵を切るのです。

農業を辞めざるを得ない人や農業で苦しんでいる人は、「自分のやりたいこと」を優先し過ぎて周りの意見に耳を貸さない人が多いと感じています。「自分のやりたいこと」はあるけど、利益が残らないので、いつもお金の不安を抱えながら農業に向き合っている。この状態ではいつまで経ってもうまくいきません。まずは、安定して生活できる農業経営を目指し、その後に「自分のやりたいこと」を実現させてもけっして遅くはないのです。

まとめ

**金持ち農家は農業で生活することを優先する**

金持ち農家は

# 人集めが上手、

貧乏農家は

# 人集めを工夫しない

農業業界は人手不足だと言われて久しいですが、最近はさらに深刻化しています。人手不足の解消について、金持ち農家はそれぞれの地域や品目、販売方法、事業規模など自分に合った方法を工夫しながら取り組んでいます。

東京都三鷹市で都市型農業を営む**冨澤ファーム**は、都内の立地を最大限に生かした農場運営をしています。4代目の冨澤剛さんは、両親が高齢になってきたことに危機感を覚え農場運営のための人手確保を模索します。

まず、最大限活用しているのが「**とうきょう援農ボランティア**」。東京都の外郭団体が提供する農家と農作業にボランティアとして参加したい人を繋ぐ仕組みです。登録料などもすべて無料で、募集すると結構な数の応募がきます。夏場の6時から8時のような早朝

作業の募集をしても、ボランティアが集まるそうです。

新型コロナウイルス感染症が広まっている頃に、エネルギーを持て余した大学生たちの間で農業コミュニティが立ち上がっているのを見つけ、農作業体験の受け入れをスタートしました。すると、大学生がボランティアとして農業体験に来てくれるようになりました。

そこで手応えを掴んで始めたのが**「畑のオープンキャンパス」**です。月に1回土曜日のお昼にボランティアを募集します。最初は、大学生などの若い人が多かったのですが、最近では、50代前後の女性なども参加するようになり、毎回30人くらいが集まってくれます。

主な作業は、片付け作業が多いそうです。栽培が終わったナスを引っこ抜くとか、切り株を除去するとか、農地を耕すなど。あと、1回お手本を見せたらすぐにできるような簡単な作業もやってもらいます。たとえば、苗の定植作業などです。

さらに、お昼ご飯をボランティアで作ってくれる人がいて、材料代は主催者持ちですが、参加者同士が仲良くなって、また参加してくれるという流れができています。お子さんと参加してくれる人もいて、畑に来て楽しい、居心地がいい環境を提供しているとのこと。やってもらう作業を時給換算したら**年間100万円以上**になることもあるそうです。

スポットで人材確保をする方法として、現在脚光を浴びているのが**「1日バイト」**や

**「ワンデイバイト」**と呼ばれるものです。スマートフォンやパソコンで利用する求人アプリで、働き手を必要とする農家がアプリ上に1日ごとに仕事を掲載し、直接働きたい人からの応募を受け、雇用に繋げるシステムです。農家で働くことを目的とした1日バイトのアプリもたくさんありますので、地域でよく使われているものを調べてみるとよいでしょう。

最近では**「おてつたび」**という新サービスで季節雇用、スポットワーカーを確保する農家もいます。「おてつたび」とは、利用者は旅をしながら、旅した地域でアルバイトとして働けるサービスです。受け入れ農家は、働いてもらった分のお給料と寝床（宿泊施設）を提供します。移動にかかる旅費は利用者が負担します。農家がインターネット上で募集をして、それを見た利用者が応募をする形で、最終的に採用するかどうかは農家が決めます。

株式会社おてつたび代表の永岡里菜さんにお話を伺ったことがあります。

「おてつたびの登録者数は5万人を突破しています（2024年4月現在）。その中で、67％の方が農業に興味があるという回答をいただいています。農業に興味があるけど、何か一歩踏み出すことができなかったり、農業に興味はあるけど、近くに知り合いの農家がいるわけではないので、農業の世界に入っていけなかったりする方が、長期休暇などを利用して旅をしながら、地方の農家で働ける仕組みになっています」

実際にどんな依頼があるのかというと、やはり、植え付け・定植だったり、収穫作業だったりが多いようです。小規模農家が数名を募集することもあれば、北海道の大規模農家が毎年80人ぐらいの参加者を受け入れている事例もあります。カフェや加工品に入ってもらったり、プレスリリースを作るなどの事務作業をやってもらう事例もあるそうです。

永岡さんからはこんな話も伺うことができました。

「茨城県の農家が『草刈り』で2人募集したら、募集開始3日で3倍ほどの申し込みが入ったこともあります。その農家も『なんで草刈りにこんなに人が来てくれるのかわからない』と言いながら、農作業に興味を持ってくれていることを喜んでいらっしゃいました」

副業解禁の流れもあり、興味のある方がスポットワーカーとして農家で働く流れは続きそうです。金持ち農家は、このような流れも上手に掴みながら、働く人を確保しています。

まとめ

## 金持ち農家はあらゆる手段で働く人を確保する工夫をしている

## 金持ち農家は 農繁期の採用を工夫し、
## 貧乏農家は 農繁期の採用を工夫しない

農家が抱える大きな問題として、「農繁期・農閑期問題」があります。「農繁期」とは農作業が忙しい時期、「農閑期」とは農作業が少ない時期のことを指します。一般的に、北海道や東北地方など雪が多い地域では、冬場は農作業ができません。雪や気温が低過ぎて作物が育たないため「農閑期」となり、夏場が「農繁期」になります。逆に、九州地方では、夏は暑過ぎて作物を育てるのが難しく、「農閑期」となり、冬が「農繁期」になります。「農繁期」と「農閑期」の存在は、収入が一定しない問題を引き起こしますが、さらに大きな問題は雇用です。農業では「農繁期」に多くの人手が必要ですが、「農閑期」にそのまま雇用を続けるのは難しいです。収入がないのに給料だけを払い続けることになるからです。しかし、「農閑期」に雇用契約を終了してしまうと、その間に別の仕事を見つけて次の「農繁期」にきてくれない可能性があります。これが農業の難しいところです。

とくに規模の大きな農業経営体ほど、「農繁期」と「農閑期」の仕事量の差が大きくなるため、日本が慢性的な人手不足の中で適切な雇用を確保するのが困難になっています。

**金持ち農家は、どのようにして「農繁期・農閑期問題」をクリアしているのでしょうか？**

北海道豊頃町で青果卸業をしながら直営農場を運営している**株式会社北海道グリーンパートナー**は、外国人派遣という方法で「農繁期」だけ人材を雇用して売上拡大に成功しています。北海道の冬は雪に閉ざされますので、仕事量が極端に少なくなります。そのせいで、かつては積極的な雇用もできない状況でした。また、夏場の季節雇用だけで必要な人員が集まる見込みもありません。代表の高田清俊社長は、「人材さえいれば勝負をかけることができる」といつも思っていたそうです。

そんなときに出会ったのが、当時は繁忙期のみの日本人派遣、現在は「特定技能1号の外国人派遣」を行っている**YUIME（ゆいめ）株式会社**でした。特定技能とは、一定の技能および日本語能力基準を満たした外国人が特定技能として日本の在留を許可されているもので、労働力不足が深刻な産業で働くことができます。その中に農業分野も入っているのです。通常は、各農家が雇用をするので年間雇用という形になるのですが、ＹＵＩＭ

・ホームページ上に採用専用ページを作っている
・働きにきた人にYouTubeに出演してもらい、どんな感じで働いているのかをわかるようにしている
・採用時期になると、採用目的のリール動画を1日1本、発信している
・FB投稿で「＃農園スタッフ募集中」とか「＃住み込みバイトOK」などのハッシュタグ投稿をして、採用強化中ということをアピールしている
・採用に関する投稿をFBやInstagramで広告運用している
・将来、農業経営を志す人も研修として受け入れている（研修目的の方には、OJT、OFF-JTを実施しているそうです）
・働く期間も数カ月から数週間まで自由に設定できる
・最大、17名が宿泊できる住み込み環境を準備している
・キャンピングカーで寝泊まりする方は、水道光熱費無料

E株式会社が行っているのは、「労働者派遣」という形で、必要な時期に必要な人数で働いてもらえるという仕組みです。

高田社長は、当初、半信半疑でしたが、とりあえず初年度、10名の雇用からスタートしたそうです。必要な時期に必要な人数を派遣してもらえ、外国人人材の仕事面や生活面でのサポートも派遣会社がしっかり行ってくれたこともあり、非常に満足のいく結果となりました。そして、次の年には20名の派遣、さらにその翌年には40名、そして、現在は約100名を夏場だけ外国人派遣で雇用し、事業の拡大をしています。

農繁期の夏場は、外国人派遣を含めて120人ほどで農場運営をして、農閑期の冬場は、最低限の約40人だけを雇用するという非常に効率的な経営を実

現しています。

一方、92ページで紹介した北海道中富良野町でメロン直売農家を営む**寺坂農園**では、自社での採用を強化して、夏場の季節雇用を毎年40名近く集めています。その方法は、SNSのフル活用と住み込みで働ける環境づくりです。寺坂農園のやっていることを表にまとめました（前ページ）。

夏場に季節雇用を確保するために、これでもかというぐらい工夫しています。このおかげで毎年、誰を採用するか選べるぐらい応募があるそうです。

まとめ

## 金持ち農家は農繁期に必要な人材を揃える工夫をしている

## 金持ち農家は
# HPで自分たちと作物をプレゼンしている。

## 貧乏農家は
# HPを持っていない

金持ち農家の多くはHP（ホームページ）を持ち、それを活用しています。
しかし、HPのない農家のほうがまだ多いのではないでしょうか。

長野県でレタスを中心に露地野菜を生産出荷している農家は、HPの効果をこのように話してくれました。

「周りの農家で、僕のところだけ外国人研修生がいなくて、日本人だけで回せているんです。なんでそんなに人が集まるのって聞かれるんですが、従業員の使い方というか、働く環境を整えているというのもあるし、HPを作っているのが大きいかなと。僕の地域は基本的にJA出荷が多いんですけど、みんなHP作らないんですよね。作っても売上には繋がらないからでしょう。ただ、**求人には効果があると思います**。今の人は絶対にHPで調べるわけですから。先日、60代の方を採用したんですが、その人もＨＰ経由です。求人媒体からＨＰに飛んで、働くイメージがつきやすかったので応募したと言ってました。やっぱり見られてるんだなと実感しました」

働きたい会社を検索することは今の時代当たり前です。検索して出てこないところよりは、検索してＨＰが出てきて、そこに楽しそうに働いている従業員の写真があって、「いい雰囲気だな。自分も働けそうだな」と思ってもらうのが何よりの採用活動になります。

一方で、営業活動に役立つことも。

１９８ページでも触れた、東京都内で都市型農業を営む冨澤ファームの冨澤剛さんは、地元や都内の学校給食などに野菜を販売しています。でも、営業活動はほとんどやっていないとのこと。どうやって販売のきっかけを作っているのかというと、ＨＰだそうです。

「栄養士さんが東京の野菜を使いたいと考えていて、それで探し当ててもらった感じです。おそらく、栄養士さんや問屋さんが農家を探すのって大変だと思うんですけど、うちはＨＰを作っていたので検索してくれて、それで連絡をもらい、取引がスタートしました。農家の人ってほぼＨＰなんて持ってないので、検索しても見つからないですよね。うちが学校給食を始めた10年前はもっと情報を出している農家は少なかった。だから、検索して探した人が自然とうちにたどり着いたってことだと思います」

野菜や果物を探している業者がＨＰなどを見て連絡してくる例は多くなっています。ＨＰがしっかりしていれば、取引もきちんとしてくれそうなイメージを持つのは確かです。ＪＡや卸売市場に出荷しない直販型の農家はＨＰを持つことをお勧めします。

農業分野専門のデザイン会社として、全国５００軒以上の農家にデザインを提供している**株式会社はりまぜデザイン**の角田誠代表は、ＨＰを作る際の注意点を語ってくれました。

「ＨＰだけではなく、プロモーション戦略として共通して言えることは**独自性**です。ＨＰを作成させていただく際に一番大事にしているのが『わたしたちとは about us』のページになります。『他の農家とここが違う！』点を考えて伝えます。ただ、気をつけたいのは独自性だからといって奇をてらったものでは消費者は珍しいと思うだけで反応しません」

農家がＨＰを作る際に大切にするべきことは次の2点だそうです。

**①当たり前のことや普通のことをしっかりと自分たちの言葉で伝える**

**②どんな人に商品を届けたいのかをしっかり考えてその人たちに刺さる言葉で伝える**

さらに、商いの本質とずれないための心構えが必要だと言います。

「商いは本来、直接手から手で販売したり、直接会って話をしたりするのが理想ですが、ネット販売でそれは難しいです。そこでHPが役に立ちます。ですが、**いざHPを作るとなると、直接手から手で販売したり、直接会って話をする、ということを忘れてしまい、**『かっこいい』や『おしゃれ』や『かわいい』HPが欲しくなります。もちろん見た目を整えることも重要ですが、自分たちの雰囲気や世界観にそぐわないイメージは全く役に立ちません」

それに消費者はおしゃれなHPを見たいために農家のHPを検索したりしません。「どんな人だろう?」「どんな美味しいものを作っているんだろう?」「どんなお勧めの食べ方があるんだろう?」と直接農家に会ったら聞くようなことを調べるはずです。

だから、最初から「見た目」を考えるのではなく、自分たちの人となり、作物の特徴をふまえた上で、文章や写真を考えることが大切です。

まとめ

## 金持ち農家は目的に合わせたHPを持っている

## 金持ち農家は 再現性が高い。

## 貧乏農家は 再現性が低い

ある金持ち農家と会話をしている際に「**再現性**」という言葉が出てきました。

農業における「再現性」とは、**農業生産において、気候条件が多少違っても同じ結果を得ることを指します**。農業生産を行う上で大切な考え方であることは確かです。

では、とある金持ち農家の言葉からこの「再現性」を紐解いていきましょう。

「農業の世界では『勘と経験が大切』という話があります。最終的なところで、未経験の部分とか将来のビジョンをどうするかっていうのは、『勘と経験』が必要ですが、日常的なこと、日常的な作業では、それではダメだと思っています。『農家は毎年1年生』みたいなことを言うベテラン農家がいるんですけど、そういうのはダメですね。毎年、ちゃんと進学してくださいって感じでやっぱり積み重ねていかないといけないと思います」

「再現性が高い農業をするには、データ化すること。経験で農業をしていると、間違うこともあって、同じ失敗を繰り返したりしている。過去の感覚をどう再現していくかという意味で、**経験値を再現率に置き換えて**、再現をするためにどういうデータが必要なのか情報収集して分析しています。経験は数値化しないといけないし、勘の部分もデータ比較した上で、再現性の高いものを選ぶことをやっていく。**増収技術はほとんど足し算なので、技術を足し算していく**。それで最終的に増えていくみたいな形です」

「毎年同じことを続けていたら、100%うまくいくのではなくて、たとえば、再現率は70%だったりします。10年やったら3年は失敗する計算です。10個のハウスがあったら、3個は失敗している。その失敗したところを見て、このやり方はダメだったとやめるわけではなく続けていく。うまくいく確率の高いものを足していくと収量が増えていくんです」

再現性を高めるためには、「勘と経験」を数値化して記録することが大切なようです。

そして、技術を足し算して収穫量などを増やしていくアプローチ方法が採られています。

一方で、**引き算をするというアプローチ方法**を実践している金持ち農家もいます。

「農業を始めてから難しかったのは、天候ですね。マニュアルがあっても同じ天気じゃないし、同じ温度でもない。それで去年と同じようにやってもうまくいかないことがあって。でも勉強させてもらっている師匠のところに行くと、それでもいつもと同じように栽培できている。話を聞いてもいつもと変わらないよって言われる感じで」

「今思うと、天候に対してどうすればいいとか、対応する方法がある程度わかってきて、それを年々積み重ねていくうちに、うまくいくようになったって感じですね。再現性が出てきたというか」

「僕の場合は、足し算よりも引き算でうまくいったって感じで、ミニトマトの施設栽培で土耕栽培ですけど、環境制御機器を提供している会社のセミナーに行き、言われた通りにやってみました。確かに収穫量は増えるし売上は上がるけど、経費を使い過ぎて利益は少なかった。そこで、ここまで必要ないんじゃないっていう部分、たとえば、重油代を削減して、次に炭酸ガス（二酸化炭素）の濃度とかを下げていって、変わらないなっていうのを確認しながら、収穫量や品質は下げずに、そこに影響しない部分を削っていったって感じです」

「最初にフルスペックで最高の状態を作って、その次に利益が出るように自分のハウス環境に合わせて必要ないところを削っていきました。何を削るか、何が必要かなど、それぞれの栽培環境で微妙に変わってくるでしょう。だから僕のやり方で他の人がうまくいくかはわからない。でも、いい状態、最高の状態を一度経験するのは大切なことだと思います」

この金持ち農家は引き算でのアプローチで成功されています。極端ですが、赤字でもいいので最高の状態をフルスペックで達成してしまう。そこから、利益を考えて、必要な部分を削り取っていく考え方になります。

お二人の金持ち農家は、アプローチ方法は違えど、気象条件が変わっても再現性の高い農業生産をすることに主眼を置いています。天候が毎年違うことが農業生産を難しいものにしているのは確かですが、天候が毎年違う中で、気象条件に左右されずに農業生産を維持している金持ち農家が近くに必ずいるはずです。そのような農家に、「毎年、天候が違うのになぜ同じように生産できるんですか」と聞いてみることから始めてみましょう。

まとめ

## 金持ち農家は農業生産の再現性を高めるアプローチをしている

金持ち農家は
# 重要なことに時間を使い、

貧乏農家は
# 緊急なことに時間を奪われる

「朝から晩まで、毎日休みもなく働いても全然儲からない」と嘆く農家がいる一方で、農家仲間とゴルフや飲み会の時間を持ち、農業を楽しみながらやっている農家もいます。同じ農家なのに何が違うのでしょうか。ここはもっと深掘りする必要がありそうです。

果樹農家の3代目で、アパレル業界から転身した農家は、このように語ってくれました。

「全員じゃないんですけど、朝から晩までずっと働いて、夜なべまでしてすごく頑張っているんだけど、この人、儲かってないんだろうなと思っちゃうことがあります。昔は、農産物って高単価だったから、自分が死に物狂いで働けば、なんとかなる時代だったかもしれないけど、今はそういう時代じゃない。でも、頑張ればなんとかなるってやってる人がいまだにいる。そんな人は、どうやったら効率化が図れるのかとか、あまり考えてないん

じゃないかな。自分の時間を使って動けばなんとかなると思っている。そういう人が全員ダメってわけじゃないけど、考えないでただ働いている人はこれから難しいんじゃないかなって思います」

また新規就農10年目、フルーツトマトを生産販売してほぼ全量庭先で販売する農家は、次のように言います。

「毎日、作業に追われることも多いですけど、でもそんな中でも無理に時間を作ってでも勉強する時間を取らないといけないと考えています。それが『緊急ではないけれど、重要なこと』だと思うからです。同じことを繰り返していても、同じ結果にしかならないですし、天候で難しいときがあるとすぐにダメになってしまう。そのためにも、勉強して新しいことと、自分の知らなかった知識を仕入れて生産や販売、経営をレベルアップさせていかないといけない。その情報をインプットすることを最優先することが大事ですね。農作業だけずっとやっていると農場に引きこもって新しい情報が入ってこないので、意識的に出ていくこと、積極的に情報を取りにいくことをしています」

現在は、売上2億円を超える農業生産法人の代表が行き詰まったときに取った行動はこんなことでした。

「売上1億円を超えて、従業員も増えてきたのに全然自分の時間が作れなくて、逆に忙しくなってきた。これはダメだと思って、売上の3％を勉強に使うって決めて、農業以外のところに勉強に行きました。具体的には、勉強代だと思って、外部のコンサルを入れて、農場運営の仕組みを変えたり、自分の考え方、とくに経営者としての考え方などを変える努力をしてきました」

世界的に有名な自己啓発書である『7つの習慣』（スティーブン・R・コヴィー著／キング・ベアー出版刊）の中に、仕事を4つに分けるという考え方があります。

それは、「緊急かつ重要なこと」「緊急ではないが、重要なこと」「緊急だが重要でないこと」「緊急でもないし重要でもないこと」の4つです。

それぞれ、どんな事例があるか、見てみましょう。

◆緊急でもないし重要でもないこと

パチンコなどのギャンブルをしたり、スマホでSNSをダラダラと見たりすること

◆緊急だが重要でないこと
意図しない急な来客や電話などで時間を取られること
◆緊急かつ重要なこと
クレーム対応や遅れている農作業
◆緊急ではないが、重要なこと
作付け計画を作る、反収や品質の向上のためにできることを考える

これは、『7つの習慣』の中では「時間管理のマトリクス」として紹介されています。
そして、効率的に時間を使い、結果を出すためには、
①重要でない仕事はやらない
②緊急かつ重要なことは速やかに終わらせる
③本当に大切な仕事は「緊急ではないが、重要なこと」である
④そのために、「緊急ではないが、重要なこと」に時間を使えるようにコントロールする
⑤「緊急ではないが、重要なこと」は放っておくと「緊急かつ重要なこと」になってしまう。
そうなっては、ゆっくりと考える時間がなくなる

とあります。これは農業経営においても本当に重要なことです。

日々の農作業に追われているというのは、「緊急かつ重要なこと」に追われていること。考える時間がないので、どうしても同じことを繰り返してしまい、日々の成長がありません。ここで時間を作って、「どうすればもっと農業経営がよくなるのか考えること」が大切なのです。

農家仲間とゴルフや飲み会にいそしむ農家は、一見遊んでいるだけのように見えますが(遊んでいるのは事実ですが)、ゴルフや飲み会に時間を使える余裕と金銭的余裕のある農家仲間との意見交換での気づきや情報の仕入れが、自分の農業生産と経営をさらに向上させるのです。つまり、「緊急ではないが、重要なこと」をずっと頭の中で考えながらヒントを探しているのです。

まとめ

**金持ち農家は「緊急ではないが、重要なこと」に時間を使っている**

# 第5章

# 貧乏農家はどうやって金持ち農家になるのか？

金持ち農家の

# 農場は整理整頓されている。

貧乏農家の

# 農場は整理整頓ができていない

多くの農家とお付き合いしていると、農場に行くだけでその農家が儲かっているのか、儲かっていないのか、だいたいわかるようになります。

何が違うのかと言うと、金持ち農家の農場はきれいに整っています。

逆に、貧乏農家の農場は、ものが乱雑に置かれていて整っていないのです。

つまり、**金持ち農家の農場は整理整頓されていて、貧乏農家の農場は整理整頓されていない**ということです。

「整理」とは、必要なものと必要でないものを分けて、必要でないものを捨てることです。

すると、必要なものだけが現場に残ります。

「整頓」とは、残った必要なものの置き場所を決めて、使った後にそこに戻すことです。

整理整頓ができていないと、ものを探す時間が増えます。ないと思って買ったものが実はあったりして、無駄な買い物も発生します。あなたの時間が奪われ、使わないでいいお金を使います。これでは金持ち農家になれるわけがありません。

ある大きな農業生産法人に行ったときに、びっくりしたことがあります。仕事で使う軽トラックや軽バンがきれいなんですね。農家の軽トラックといえば、いろんなものがダッシュボードや助手席にあり、雑多な状況になっているのが常です。「車がきれいですね」と私が伝えると「社長（父親）が車をきれいにしろとうるさいんです」と返ってきました。

この法人の社長はきちんとポイントを押さえているなと感じました。きれいな状態を作って、それを保つことがどれだけ経営に寄与するかを知っているんですね。

整理整頓ができる人は、農業生産の技術も高く、作物を上手に育てる人が多いようです。**整理整頓ができるということは、散らかっている状態に違和感を覚え、それを元に戻す力がある**ということです。つまり、異常な状態を見つけ出し、正常な状態に戻すことができるのです。

みなさんは、見えている世界はみんな同じだと思っていることでしょう。でも実は違います。同じ畑を見ても、金持ち農家は異常な状態にすぐに気がつきます。気がつくから対応ができるのです。貧乏農家は、何も気づかない。気づかないから対応できない。

金持ち農家と貧乏農家の差は見えている世界の差とも言えます。

異常な状態に気がついて対応ができるから、生産する作物の生育もよく揃っているし、管理も行き届いている。だから農場がきれいに見えるのです。


もし、あなたが整理整頓についてあまり意識しておらず、きれいな農場になっていないとしたら、これはチャンスです。

今すぐにでもこの本を閉じて整理整頓から始めましょう。お金をかける必要はありません。必要なものだけを残して、いらないものを捨てる。そして必要なものの置き場所を決めるだけです。それだけで農業経営が必ず良くなります。伸び代だらけなのです。

整理整頓の徹底は「洞察力」や「判断力」の強化に繋がります。本当に小さなことなのですが、そこにゴミが落ちていることに気がついて、そのゴミを捨てる。その小さな繰り返しが、「洞察力」や「判断力」を磨いていくのです。

私自身、かつて冷凍野菜の工場の運営を任されているときに、取り組んだのが整理整頓です。私が責任者になる前、工場内は整理整頓されていませんでした。整理整頓とは何かを説明し、工場の中に入って、必要なものと必要でないものを分けていきました。その次に、すべてのものの置き場所を決めて表示をしました。

そのおかげで生産性が上がっていったのですが、それと同時に**社員の仕事に対する姿勢が変わり、スキルも磨かれていった**ように思います。

私の経験上、社員教育のスタートは、整理整頓の徹底が最適です。社員に対して整理整頓を徹底させるためには、まず経営者であるあなたが整理整頓の大切さに気づくことが大事です。

最後に、宮崎県できゅうり農家をしている金持ち農家が親元就農した際のエピソードを紹介します。

就農してしばらく経ったある日、近所の大先輩の篤農家が彼の農場にフラッと訪ねてきました。そしてこんなことを言われました。

「あのな、ハウスをこれから真剣にやるんなら、まずハウスの周りを片付けぇ」

その場では笑顔で「ハイっ！」と返事しながらも、心の中では「そんなんで売上が上がれば苦労せんわ」と思っていたそうです。

後日、その篤農家のおっちゃんから電話があり、「今時間あるか？　今からわしのハウス見にこんか？」とのこと。「忙しいのにな」と思いながらも「はい！　すぐ行きます！」と答え、おっちゃんのハウスへ向かうことになりました。

彼がハウスに着くと、

「おぉ、よぉ来たな、**とりあえず中と外回りを一通り見たらなんも言わんで良いからすぐ帰れ、忙しいじゃろ**」と言われました。

おっちゃんのハウスの外回りはきれいに整理整頓されていました。驚いたのは、誘引のために立ててある青竹支柱です。幅50センチ程の畝に、2メートル間隔で立てられた20本以上の支柱は、端から見ると見事に1本に重なって見えたのです。さらに、視線を左に向け、ハウス内を見渡すと、対角線上も斜めに揃っていました。彼は大きな衝撃を受けました。

篤農家のおっちゃんはこう言ったそうです。

「わしはこれで飯食ってきた」「おめぇも飯食いたきゃ真剣にやれよ」

片付いているだろ？　綺麗だろ？　揃っているだろ？　見てどう思った？　これからどうする？　こんなことは一切聞いてこなかったのです。

私にこのエピソードを伝えてくれた農家は、篤農家のおっちゃんのハウスを見てから、整理整頓を徹底して、本気で農業に取り組むと農場はキレイに見えることを学んだと言います。そして、今は後輩にこのことを伝えているようです。

まとめ

## 金持ち農家の農場は整理整頓が徹底されている

## 金持ち農家は お金になる作業をやり、
## 貧乏農家は お金にならない作業ばかりをする

今回は、劇的に作業効率が向上する考え方をお伝えします。

私と同じように農家向けのコンサルを愛知県中心に行っている**トヨタ式改善pro**代表の山屋謙さんという方がいます。

山屋さんは、トヨタ自動車で後に社長となる豊田章男氏とも一緒に仕事をしていました。

中国を含むアジアの子会社に出向し現地法人の代表なども務め、活躍していましたが、トヨタ自動車が日本で立ち上げた農家向けサービスの展開のために呼び戻されます。

トヨタ自動車では、農家向けアプリの開発普及とトヨタが得意な「カイゼン活動コンサル」を担当していたそうです。

担当するうちに農業の面白さに取り憑かれ、自分の好きな農家のカイゼンのお手伝いがしたいと思い、トヨタ自動車を辞職した現在は、個人で農家のサポートをしています。

その山屋さんがコンサル先で最初に取り組むのが**「日常の見える化」**です。これができていないと、何をどのように改善するかという改善のヒントが隠されてしまうと言います。具体的には、従業員一人ひとりが、業務時間内にどのような動き、仕事をしているか観察・調査をします。その際に意識するのが**「作業は3つに分けられる」**ということです。

1日の作業は、**正味作業、付随作業、ムダな作業（時間）**の3つに分けられます。

「正味作業」とは、付加価値を生む作業・時間のことです。

「付随作業」とは、正味作業をやるためにどうしても欠かせない作業のことです。

「ムダな作業（時間）」とは、正味作業にも付随しない、何も生み出さない作業や時間のことです。

山屋さんは「田植え」を例にして、この3つの作業の違いを教えてくれました。

田植えの正味作業は、田植え機で田植えをする時間のみです。それ以外は、何も付加価値を生み出していません。田植えの付随作業としては、田んぼに移動する時間、苗を運び、田植え機にセットする作業（時間）、田植え後に片付けをする時間、また田植え機のメンテナンスをする時間が相当します。この違いがわかれば、田植えをする時間を増やしていき、付随作業の時間はできるだけ短くすることが大事だと気がつくことができます。

田植え機で田植えをする以外は、**「お金になっていませんよ。そのことに気がついていますか？」**ということです。

さらに言い方を換えると、田植えという正味作業が、どれだけ付加価値を高められたかで、売価を決めることになります。また、付随作業とムダな作業は原価を高めるだけで、売上には貢献しないどころか、むしろ利益を圧迫しているのです。

農業、農作業には付随作業がかなりあります。たとえば、農場間の移動はまさしく付随作業ですし、収穫した農産物を移動させるのも付随作業です。

金持ち農家はこの付随作業をできるだけ少ない時間で効率的に行っています。ムダな時間はなくし、付随作業はできるだけ少なくして、正味作業をできるだけ多くやってもらうように改善していくのです。

大切なことは、**観察・調査の記録を曖昧にとらない**ということ。農業の現場でよくある記録の取り方からその問題点が見えてきます。

ある作業を3名の従業員で3時間かけて行っていたとします。

しかし、作業量を個別に見ていくと、Aさんが面積の50％を、Bさんが30％を、Cさんは作業の習熟度が未熟で20％しかできていないとしましょう。

すると、みんなAさんと同じ作業の習熟度になれば、「3人で3時間分の作業」が、「2人で3時間」で終わるようになるのです。このことに気がつくか、気がつかないかが、金持ち農家と貧乏農家の差になっていることを理解してください。

**ムダな作業（時間）で一番多いのが「探し物をする時間」**です。みなさんも、人やモノを探す時間が生まれていませんか。「探し物をする時間」を少なくするのが整理整頓です。

あなたの作業や時間、従業員の作業や時間を「正味作業」「付随作業」「ムダな作業（時間）」に分けてみることから始めましょう。

まとめ

## 金持ち農家はお金につながる作業を知っている

## 金持ち農家は　自己責任の原則を体現しているが、
## 貧乏農家は　他責で経営している

長野県で、枝豆を中心に生産販売し、売上1億円を超える農家が次のように話をしてくれたことがあります。

「栽培がうまくいっていないときに、農家ではないある経営者からこんな話をされました。**『明日、雨が降っても、仮に真夏に雪が降ったって、それは、自分の責任なんだ。すべて、自己責任で動くことが大事。他人がとかではなく、何が起こってもそれは全部、俺の責任なんだと思うこと。真夏に猛吹雪になって、畑が真っ白になってしまっても、それも自分の責任なんだ』**それを聞いて、ああそうかって思いました。要は、そういうつもりで仕事をしないと、なんでも人のせいになっちゃうというか、責任から逃げちゃうというか。そういうところがまだ自分にあったから、うまくいかないんだなって気づいたんですよね」

「うまくいっていない人って口癖でわかるんですよね。無意識に他人のせいにしてしまっている。ＪＡがこうやれって言っているとか、市場が安いとか。人から教わった資材を使ってみて、いいって言ったから使ったのに、全然うまくいかないじゃんとか。それは、『あなたがきちんと調べてそれを使っているのか』ってことなんですよね。調べてないあなたが悪いんじゃないのって話ですよね。これは自分への反省も踏まえてなんですけど」

経営というのは、どこまでも経営者であるあなたの「自己責任」です。代わりに責任を負う人はいません。経営が良くても悪くても経営者の責任なのです。

儲かっていない農家の中には、天候が悪い、ＪＡが悪い、相場が悪い、景気が悪い、政府の補助が少ないのが悪いと嘆く人もいます。もっとひどい例になると、いい人材が集まらないとか、うちの従業員は良くないとか、自分のことを棚に上げて働いてくれている人のせいで経営が良くならないとおっしゃる方もいます。

金持ち農家は、経営の責任がすべて自分にあることを認識し、自己責任での農業経営を体現しています。家族経営だろうが、株式会社などに法人化していようが、最終的に責任を取るのは、経営者であるあなたです。責任を取るということは、経済的に損失を被るということ。周りが悪いと言っても、彼らは何の責任も取れません。

金持ち農家は、自己責任の原則を体現しながら、正しいワンマン経営をしています。農業経営体は、世間一般に見ると中小零細企業の範囲の事業体が多いのが実情です。中小零細企業であれば、どうしても経営者である社長（個人事業主であれば事業主）の意向が強く反映されます。いい意味でも悪い意味でも社長（事業主）次第なのです。だから結局はワンマン経営になりますが、けっしてワンマン経営は悪いことではありません。

先述の社長だけを対象とした経営コンサルタントとして活躍した一倉定氏は、著書である『一倉定の社長学 新・社長の姿勢』（日本経営合理化協会出版局刊）の中で、正しいワンマン経営について述べています。農業経営者向けに言葉を変えてみなさんにお伝えします。10年後の自社の農業経営の姿を想定しているのは誰でしょうか？　それは従業員ではなくきっとあなた自身だけだと思います。10年後にあるべき姿を想像して、5年後はどうなっていたい、3年後はどうだ。だから今年に取り組むことがある。この判断ができるのはあなたしかいません。社会の情勢という外部環境は日々刻々と変化します。その社会情勢に対応しながら、目の前のことを判断していくのも社長（事業主）であるあなたしかいません。もちろん、従業員などの意見を聞くこともあるでしょう。それを採用することもあるでしょう。しかし、採用した結果の責任は、社長（事業主）にしか取れません。**未来を描き、その未来に向かってどのように進んでいくのか方向性を定めるというのは社長（事業主）にしかできない仕事**なのです。そして、その仕事を経営者として全うし、従業員など関係者に言葉で伝える。一倉定氏は、「正しいワンマン経営こそ全員経営を実現する道である」と言います。つまり、社長（事業主）が正しいワンマン経営を実践するからこそ、従業員も全員で経営に参加する気持ちで日々の仕事を行うということになります。

私はセミナーの最後には、必ず「自己責任の原則」の話を入れています。なぜなら、「自己責任で経営をするのだ」という強い気持ちが金持ち農家への第一歩だからです。気を許すと責任を転嫁して、逃げ道を考えることが容易な農業経営の中で、それでも「自己責任で歩んでいく」ということが大切になります。

まとめ

## 金持ち農家はどこまでも自己責任

## 金持ち農家は 稼ごうと常に考え、
## 貧乏農家は 儲けたいと思っているだけ

農業を生業として生活の糧としている以上は、一定の所得を稼ぎたいと考えるのはごく当たり前のことです。そして、できればもっと儲けたいとも思っているでしょう。

しかし、農業で稼げる人もいれば、稼げない人もいるのが現実です。儲かっている人もいれば、そうでない人もいる。その違いを農家の意識、考え方という視点から説明します。


ゼロからの新規就農で売上1億円を超えている農業生産法人の社長はこのように話してくれました。

「稼いでいる人、儲かっている人はやっぱり勉強しています。みんなほぼ同じ条件で農業をやっているはずなので、その上で稼げている、儲かっている、設備投資できる資金を作れているというのは、勉強しているかどうかの違いかなって思います。親元就農の人たち

は、余裕があるからなのか、あんまり勉強しないですよね。だから、親から引き継いだ状態から伸ばしていけるかどうかは本人の勉強次第じゃないですか」

何を勉強すればいいのか。自分に不足していると思うところから勉強するのがいいでしょう。農業生産の技術なのか、販売の方法なのか、人材採用や育成なのか。この本を読みながら、自分はまだまだだなと思えるところから勉強してみてください。

金持ち農家も悩みがないわけではありません。日々考えながら過ごしているそうです。「儲かるために、試行錯誤しています。儲からない人は、愚痴を言いながら、毎年同じことをやっている印象がありますね。儲けようとすると、面積を広げるとか、人を採用するとか、いろいろと考える要素が増えていく。それを面倒くさがらずにやる人は、儲かっている気がします」

この金持ち農家が言うように、「考えることは面倒くさい」と思います。実は、私も面倒くさい。でも考えることをやめて、農作業を一日中やって、それで仕事をした気になっていても、いつまで経っても変わりません。「愚痴を言いながら、毎年同じことをやっている」農家になっていませんか。

元自衛官で、実家の兼業農家を継いで、今はミニトマトの生産をしている農家は、目標設定の大切さを語ってくれました。

「日々の目標を持って活動している人は儲かっていくし、目標がなくただ毎日を過ごしている人は儲からない。今月はいくら売上げるぞとか、**今年はいくら所得を出すぞって目標があると、それに近づけようと意識して動きます**よね。その目標に足りない部分はどこだろうって、そこを頑張ると思うんですよね。目標を達成するんだという意識がないと、できただけ、売れただけになって、昔の人がいう農業は博打だっていう話になってしまう。博打では生活できないですよね」

「自分でどれだけ稼ぎたいのかが明確になると、自分の意識が変わってくるから、やっぱり意識次第だと思います。儲けよう、稼ごう、いくら欲しいといった意識がないと、たぶん変わらないと思いますね」

私のところに経営相談に来る農家や新規就農希望者の方で、農業経営の数字を理解していない、覚えていない人は、このままでは経営を上向かせるのが難しいなと感じます。

一方で、**金持ち農家は、経営の数字を把握していて、質問に対しても数字で答えることができます**。たとえば、売上や所得、肥料や農薬、人件費などの経費、さらに収穫量や販売単価などもスラスラと出てきます。

自分の農業経営を数字で捉えているからこそ、将来の目標である「自分がいくら稼ぎたいのか?」が明確になるのです。自分がいくら稼ぎたいのかという目標が明確に数字で語ることができれば、そのために今月は何をしないといけない、そのために今週は何をしないといけない、そして、今日することは何かという具体的な行動に落とし込めるのです。

金持ち農家は稼ごうと常に考え、それを数字に落とし込み、目標設定し、日々の行動に移しています。貧乏農家は、儲かりたいな、儲けたいなと思っていますが、そう思うだけで日々を過ごしています。

まとめ

## 金持ち農家は稼ぐためにいつも勉強し行動している

## 金持ち農家は 農業が楽しい。
## 貧乏農家は 農業が楽しくない

この本を執筆するにあたって、多くの農家に取材をさせていただきました。

取材を引き受けてくれた多くの農家から「**農業をやっていて楽しい**」という気持ちが伝わってきました。

農業を楽しんでやっている人と楽しめていない人の違いはどこにあるのでしょうか。

令和元年に実家の農業を引き継いだ露地野菜を生産している農家の言葉です。

小さい頃、農業が好きではなかったそうです。しかし、社会人になって、自分で何か事業をやりたいなと思ったときに、「農業も事業のひとつ」だということに気づきます。そこから一念発起して、農業の道に進むことになります。地元の農業生産法人での研修を経て実家の農業を継いだそうです。

「農業、楽しいですよ。自分でやっているっていうのもありますし、あと、**正解がない**っていう感じもあるじゃないですか。そこが楽しい。自分なりに仮説を立てて、それを検証していくみたいなのが割と好きですね。すべてが仮説どおりではなくて、運の要素もありながら結果が出てくるので、それが面白いと感じています」

「どんな仮説を立てるかというと、たとえば天候です。今年は、この時期に暑くなりそうで、品質が悪くなりそうだから、ちょっと多めに植えておこうとか。基本的には契約取引なので、契約で赤字にならないように、面積や数量を作っておいて、それ以外は相場を意識しながら作るみたいなことをやっています」

農業をやっている人で、人に使われるのは面白くない、自分で事業をしたい、社長業をしたいと思っている方は少なくありません。この農家も同様です。実家が農業をやっているなら、そこを継ぐことは**リスクの小さい起業**と言えるでしょう。

兼業農家だった実家を引き継ぎ、施設園芸をしている農家はこのように話してくれました。

「家の手伝いはよくしていたんですけど、テレビを見たいのに畑に連れて行かれたりしていたので、農業を継ぐのは絶対に嫌だと思っていました。でも実家に帰ってきて、自分でゼロから栽培をしていくと、どっぷりハマってしまってしまいました。今は農業が面白いですね。味とか形とか、自分で工夫すればそれなりの答えが出てくることにハマってしまった感じです。めちゃくちゃ儲けているわけではないですが、やっていて楽しいです」

この農家は探究型ですね。農業生産の奥深さに目覚めたわけです。工夫したことの結果がストレートに出てくる喜びは、やった人でないとわからないかもしれません。美味しい野菜を作ることができれば、それだけ評価も受けることができる。この農家、基本はＪＡ出荷で、収穫量などもＪＡ部会でトップクラスのようです。それ以外にも、一部を直売所に出荷しているそうですが、他の農家よりも高値で売れていくとのこと。農業の奥深さを追求していくと、まだまだ楽しい時間は続きそうです。

農業外の世界から新規就農して10年以上のベテラン農家も農業の楽しさをこのように語ってくれました。

「やってみたら面白かったって感じですね。もともと、ＩＴ系のプログラミングの仕事をしていたんですけど、ＩＴの世界でプログラミングを書くって、すべての要素を人間が考えて作り出すんですよね。システム上で表現できないことはないっていう世界。でも農業は違っていて、思い通りにならない中でやっていくっていうのが新鮮でした。純粋に土作りをするのも面白いし、体を動かすことも面白い。今は従業員と楽しくやりながら、事業規模を大きくしていくことを目標にしています」

この方も事業家精神に溢れています。前職での経験や仕事に対する考え方を上手に農業経営に当てはめている感じです。従業員と一緒に農業をしていくことが楽しいとおっしゃっていたのが印象的でした。

まとめ

## 金持ち農家はワクワクする夢を持っている

## 金持ち農家は 従業員を喜ばせることを考え、
## 貧乏農家は 自分のことだけ考える

求人募集してもなかなか人が集まらないという声をよく聞くようになりました。また、採用できたとしても人件費の高騰に頭を悩ませている農家も多いことでしょう。

従業員が定着するかしないか、農場のために一生懸命働いてくれるかどうかは、農業経営をする上で重要なポイントになってきます。

金持ち農家は従業員との付き合い方において、どんな考え方を持っているのでしょうか。

**「野菜を作るより人を育てるほうが難しい」**これは、ある金持ち農家の言葉です。

売上が上がって従業員が増えても、利益が上がらず自分だけがさらに忙しい状況が続くという農家がいます。野菜や果物を作るのが上手になっても人を育てることから逃げていると金持ち農家にはなれません。

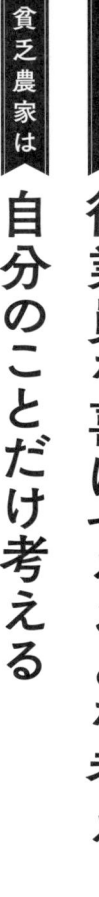

では、金持ち農家はどのように人材育成を行っているのでしょうか。

売上2億5千万円、神奈川県と静岡県に農場を持つトマト農家の事例を紹介しましょう。父親から事業継承したときの売上は年間5000万円でした。そこから1億円を超えるまでに規模と売上を拡大していきました。しかし、1億円を超えても利益は残らない、自分は忙しくなるばかり。「これは何かが間違っている」と感じたそうです。

そこからが、他の農家とは違っていました。今の延長線上には解決策はないと感じた彼は、勉強をさせてもらうつもりで外部のコンサルに依頼をします。売上の3％は外部コンサルなどの勉強に使おうと決めて実行しました。

まず着手したのは**人材評価の仕組みづくり**です。昇給の仕組みや評価制度を作ったりしたそうです。しかし、最初はうまくいったのですが、途中から思ったような成果が出ませんでした。けっして、昇給の仕組みや評価制度がよくないわけではないのでしょうが、まだ何かが違う。しっくりこない中で、どのようにすれば人が育つのか、従業員が定着するのかを考え続け、学び続けたそうです。

辿り着いたのが「**従業員の人たちをどうやって喜ばせるかを考えればいい**」という結論でした。仕組みも必要だけれども、仕組みだけでは人は喜ばないと気がついたそうです。

ではどうやって従業員たちを喜ばせるのか？　きちんと褒めること、食事会を設けることと、日帰り旅行を開催することなど、従業員を喜ばせるための施策を次々と考えました。

採用の仕組みや経営理念を伝えることなども必要ですが、それらが効果を発揮するためには、従業員を喜ばせる仕組みも同時に必要なのです。


「従業員はみんな私たちの宝なので」と話してくださったのは、きゅうり栽培で売上1億円超えの農家夫婦です。いかに従業員が自由に働いてくれるかを意識していると言います。

「自由に働いてもらうこと」と「農業での利益」をどうやって両立させているのですか？と質問すると、次のように話してくれました。

「経営の数字をＬＩＮＥグループで公開したり、毎日の作業内容と作業量をホワイトボードで見える化してみんなに記入してもらっています。作業の見える化は、昨年からスタートしたのですが、生産性がかなり上がったと実感してます。あとは、**経営の内容的なところも包み隠さず話す**ようにしていて、たとえば、資材が高騰していることで経費が上がって大変だという話もしています。また、注意すべきところは、細かすぎるほど注意しています。整理整頓ができていないとかゴミが落ちているとかは、その都度注意しています」

その上で従業員には、会社のためになることを自由にやっていいよと、伝えているそうです。積極的に従業員に「これどう思う?」とか「これってどうしたらいいと思う?」と聞くようにしているそうです。

この他にも多くの金持ち農家が、従業員に伸び伸びと働いてもらうことを意識していると語っています。働こうと思ったら、**いくらでも仕事を選べる時代**です。農家で働くよりも給料がいい仕事はたくさんあるでしょう。でも、なぜ農業を選んで働いてくれているのか? そこにヒントがあるような気がします。

「給料を払っているのだから、給料以上の働きをしてほしい」

経営者としてこの考えは間違ってはいません。しかし、給料以外の理由で仕事を選ぶ人が増えているのも確かなことです。金持ち農家は、給料以外で働く理由を従業員に提供しているからこそ、従業員もそれに応えようと一生懸命に農場のことを考えてくれるのです。

まとめ

## 金持ち農家はいつも従業員のことを考えている

## 金持ち農家は お客様に支持されているが、
## 貧乏農家は お客様に支持されていない

金持ち農家と貧乏農家の違いは、「お客様に支持されているか否か」の違いです。お客様に支持されるとは、お客様に応援されることです。金持ち農家はお客様に支持されるために努力を惜しみません。

売上1億円を超える露地野菜農家は、このように話してくれました。

「お金のことばかり、売上を積み上げることばかりを考えていた時期がありました。あるとき、自分を支持してくれるお客さんの顔を思い出せるかと言われて、一人もいないことに気がつきました。あなたの農園を支持してくれるお客さんは何人いるのって言われたら、ゼロに等しかった。農協出荷だったということもあったんですけど。売上は上がるけど、お客さんに支持されていない。お客さんの顔が見えないっていうのは、いざとなったらやっぱり弱いんだろうなと感じました。ファンがいないわけですから。周りを見ていても、うまくいかない農家は、ただ値段ばかり見て、ＪＡや地元の市場、出荷業者などを比べて、あそこが50円高いとか１００円高いとか言って、コロコロ売り先が変わっている。そういう人たちって、高く売ったつもりでいて、意外とそうでもなかったりするのかなと。ならば、あなたに任せるので一緒にいい売り方を考えましょうって言って関係性を作っていく販売方法のほうが強いのかなって思っています。今は、その場その場の売上ばかりを追いかけ過ぎないほうがうまくいきます」

売上数億円のトマト農家は、取引先のスーパーとの関係性をこのように分析しています。

「たぶん、取引しているスーパーは、僕のトマトがなくなったら困るのではないかと思うんですよね。栽培を続けてもらわないと困ると思ってくれている。だから、応援してもらっていると感じています」

静岡県で露地野菜を生産販売している農家は、農業を始めるとき、「予約の取れる、注文の来る農家になりたい」と考えていたそうです。なぜなら農業を継ぐ前に、青果市場で働いていたこの農家は、注文の来る農家と注文が来ない農家の差を肌で感じていたからです。

「(両者の違いは)**計画的**であるってことと、**対応力**ですかね。計画的っていうのは、一定の品質のものがきちんと入荷がある。入荷が少なくなるときには事前に連絡などがあって、入荷量の見通しがわかっているっていうのは、市場で働いていてすごく助かりました」

「対応力は、突発的な注文、たとえば1ケースとか2ケースでも快く対応してくれる農家とそうでない農家の違いです。今は携帯電話が普及しているので、いつ電話をしても対応してくれる農家には自然と注文も出しやすいです。注文が来る農家は仕事に対する姿勢が違うと思っていました。市場はどうしても、みんなが休んでいる時間に入荷とか仕分けとかがあるので、スムーズに連絡を取ることがなかなか難しい。休んでいるときに連絡とかしなくちゃいけないので。でもそれを、受け入れてくれる農家にはお願いしやすいですよね。頼みやすい農家に連絡したくなるんですよね。そうなると、無理を聞いてくれる農家のものを普段から少しでも高く売ろうって気持ちになります」

「そんな経験があるので、注文とか電話とか、JAや行政から何か頼まれたら、極力断らないようにと思っています。それが信頼されることかな。有名な農家が『農業界のコンビニになりたい』と言っていて、そういう姿勢が信用のきっかけになるのだと思いました。

その農家は、ニッチな品目ですけど、全国シェアナンバーワンになっています」
最後にこのようにも話してくれました。
「他の業界の人ってもっと必死だと思うんですよね。苦しいとか厳しいとか、周りの農家の声を聞くことはあるんですが、だからといって必死さを感じるわけでもない。本当に苦しくてなんとかしたいなら、もっと必死にならないといけない気がしています。すると、**お客さんからの注文に対してどう対応するか**、おのずと変わってくると思います」

お客様に支持されるのが重要であることはJA出荷でも同じです。たとえば、JA○○のレタスがないと困るとか、JA○○のじゃがいもの入荷を心待ちにしているとか、実際に**何十年も続いている産地というのは、支持してくれる固定のお客様がいるはず**です。JAや卸売市場、仲卸を通して販売していることで見えにくくなっているかもしれませんが、ぜひ自分の農産物をどんなところが買ってくれているのかを調べてみてください。

まとめ

**金持ち農家はお客様に支持されるためにあらゆる努力をしている**

## 金持ち農家の事業継承と
## 貧乏農家の事業継承

ゼロから新規就農する人にとっては、親が農業をやっていてそれを引き継げる親元就農は羨ましく感じることでしょう。実際に、農業をする土地や施設、機械が揃っていて初期投資が必要ない状態で農業をスタートできるのは、かなり有利と言えます。

ただし、親元就農だからといってすべての物ごとがスムーズに進むわけではありません。

◆親がなかなか経営を譲ってくれずいつまでも専従者給与で働いている
◆自分のやりたいことを親に反対されて、いつも衝突している
◆経営を引き継いだら数千万円レベルの借入金が返済されずに残っていた

こんなことはよくある話で、親元就農ゆえに悩んでいる農家もたくさんいます。

では、親元就農して成功している農家はどうやって事業継承をしていったのでしょうか。

石川県で50ヘクタールの農地で稲作を営む**有限会社たけもと農場**の竹本彰吾代表は、高校3年生のときに父親から札束を見せられ、

「農業は儲からんとあちこちで言われているけど貰ってるものは貰っとるぞ」

と言われました。そしてさらに、

「たけもと農場には、1000人を超えるお米のお客さんがいて、100人の地主さんがいて、種や肥料などを調達してくれる農協さんがおって、周りには集落の人、その周りには農家仲間がおって、**その人たちが少しずつ、たけもと農場に期待を寄せてくれている。**その寄せられている期待に応えるのが、仕事の一番のやりがいなんだ」

「これからどんな仕事をするのか考える歳になるけど、給料がどれくらい、休みがどれくらいとかを考えるだけでなく、**この仕事をするとどんな期待に応えることができるんだろうっていうことも考えて仕事を選ぶといい。**そして、たけもと農場にもそれだけの期待を持ってくれている人がたくさんいることを頭の片隅に入れておいてほしい」

とプレゼンをされたそうです。それを聞いた竹本さんは、これは後を継いでほしいということだなと感じ、その場で将来、農業をすることを決めたそうです。

この話だけを聞くとスムーズな事業継承ができたのだろうと思ってしまいますが、世代

間の考え方の違いによる衝突はあるそうです。農作業のやり方や雇用のやり方、新しい技術の導入などがそうです。仕事でスマホを触っていても、スマホで遊んでないで仕事をしろと言われるのは誰もが経験していることではないでしょうか。

竹本さんは、自分ならではの強みを販売面に見出します。インターネット販売に着手したり、リゾット専用品種を生産しイタリア米問屋に販売したりしました。父親の代では全体の40％をＪＡ出荷していましたが、このやり方だとどうしても毎年の相場に売上と利益が左右されてしまいます。竹本さんが販売面でチャレンジしたことが功を奏し、ＪＡ出荷は全体の15％ぐらいまで減り、消費者への直販、イタリア米問屋への販売、飲食店、小売店への販売が伸びる結果となり、相場に左右されない体制ができているそうです。

事業継承して売上を5倍以上に伸ばしているある農家は、もともと農業をするつもりは全くなく、大学卒業後は東京のマスコミ関係で仕事をしていました。社会人になって2年半の時に都内のオフィスで東日本大震災を経験します。そこで、食料がなくなっていく様を東京の真ん中で体感。その体験が自分自身の価値観を大きく変えて、実家に帰って農業をすることを決意します。そして、そのことを両親に伝えると、すぐに田舎から両親が東京にやってきて、新宿の高層ビルのカフェテラスに集合して決算書を見せられたそうです。

そのときに父親から、

「帰ってきて農業をしたいと言ったけど、お前に払える給料はないぞ」

と言われて見せられたのが、売上1800万円で所得は100万円も残っていない青色申告決算書でした。

それを見て彼に湧き上がってきたのは、「そんな厳しい状況なら帰るのをやめよう」ではなく、**「ここまで厳しい中で、今まで僕たち兄弟をよく大学まで行かせてくれたな」**という感謝でした。より一層、家に帰って農業を継いでなんとかしないといけないという気持ちになったそうです。

帰ってきて両親と農業を始めますが、まずは販売面が弱いと考え、HPを立ち上げ、自分たちで販売することにチャレンジします。そこはあまりうまくいかなかったのですが、消費者に売るのではなく、スーパーや業者に売っていくBtoBでの販売に切り替え、規模を拡大して今の売上まで伸びてきたそうです。

一方で、親元就農して事業継承をしてもなかなかうまくいかない農家もいます。そのような農家は親と子で喧嘩が絶えません。売り言葉に買い言葉です。

就農当時は父親と衝突ばかりしていたというある金持ち農家はこのように言います。

「父親は言語化ができていないからしょうがないと思うんですけど、要はまだまだ実力が足りないよってことを言われていたんですね」

だからこそ、子ども世代のほうがうまくコミュニケーションを取る必要があります。

「お父さんのことも考えたコミュニケーションができない息子が悪いのではないかと思います。『ありがとうございます。お父さん、お母さん』からいつも始めればいいんじゃないですかね。『こいつ感謝しているから、こいつの言うことは聞かなきゃいけないな』って思うようになるでしょう」

枕言葉に「ありがとうございます」をつけるのは難しいかもしれませんが、少なくとも心の中で感謝している前提でのコミュニケーションを取れるかどうかは大事なことです。


ある農家は、こんなふうに表現してくれました。

「地域の中で、親元就農でうまくいっていない同年代の農家は、親の文句ばっかり言っていますね。感謝の気持ちがそもそもないと思います。どんな状況であろうと、親が築いてきた地盤の上に自分たちの経営があるのです。農地や機械や施設を使わせてもらっている以上に、周りの地域の人との関係性とかも祖父母や親から引き継いでいますよね。○○の孫なら面倒見るよとか、○○さんの息子ね。頑張れよって応援してもらえることってたくさんあるので」

まとめ

## 金持ち農家は親に感謝して農業をしている

金持ち農家は
# 目標に向かって進み、

貧乏農家は
# 目標がどこかわからず道に迷っている

農家は、大きく2つの活動をしています。

1つは、農業生産。これは言葉どおり、農畜産物を生産することで、農場や牧場にいる時間を農業生産の時間と定義しています。

もう1つは、農業経営。これは、営業活動や採用活動、教育、経理などの時間で、農場にいない時間を農業経営の時間と定義しています。収穫作業は、農場で行うので農業生産、出荷調整は通常作業場で行うので農業経営の時間です。

30年前までの農家は農業生産を頑張るだけで食べていける時代でした。収穫までして、あとはＪＡの共同選果場に持ち込んで消費地の卸売市場に出荷されて、売上が入金される流れがスタンダードでした。

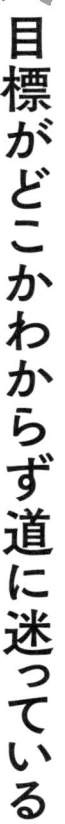

しかし、農畜産物が余りだし、価格も上がらない状況がずっと続いている中で生き残るためには、お金の流れを把握して、自分たちはどんな農業をやっていくのかという「**経営の視点**」が必要になってきています。

従業員数100名以上、売上5億円を超えるある農業生産法人の代表は、20歳で親元就農してから10年間はまったく利益が残らない農業をしていたそうです。しかし、30歳のときに参加した経営勉強会をきっかけに大きな転機を迎えます。

「農園の転機が30歳のときにありました。人生の転機って言ってもいいぐらいの大きな出来事です。それは『経営』の勉強を始めたことです。20歳で親元就農して、10年間ずっと一生懸命に農作業はやってきましたが、忙しいだけで手応えがありませんでした。ベンツに乗れたらいいなとは思っていましたが、10年たって一生懸命働いたのに車1台も買うことができませんでした」

「朝から晩まで一生懸命働いて、俺の20代はなんなんだと。ちょっと壁にぶち当たっている時期でもありました。経営の勉強を始めるために勉強会に参加したのですが、そのときに講師の先生が3つの質問をしてくれたんですね。

その1つ目が、『みなさん、農業経営者ですよね。そもそも何で農業やっているんですか。その理由をノートに書き出してください』というもの。2つ目が、『こうやって勉強をしに来ているということは、経営を良くしたいと考えていると思いますが、ところであなた方はどんな農園を作りたいと思っているんですか。これを具体的に書いてください』というもの。3つ目が、『みなさんはこれから農業を続けていくわけなんだけれども、どんな仲間と一緒にやっていくんですかね。どんな仲間と一緒に農業を続けていきたいのか、これを書いてみてください』というものでした」

「当時、30歳だった私は、この質問に1問も答えられなかった。なんで農業やっているのかって言われても、考えたことがなかったし、どんな農園にしたいかって聞かれても、でっかい農園になったらいいなというものしか思いつかなかった。具体的な数字、売上や面積など全然考えられなかったですね。3つ目の仲間と言われても、家族経営なんで、家族しかいない。家族は仲間じゃないよなって考えると、これも答えることができなかった」

「衝撃的だったのが、『この3つの質問に答えられないとしたら、それは経営しているとは言わないんですよね』って言われたんです。もし答えが書けないんだったら、あなたは**道に迷っている**んですよ、とはっきりと言ってくれたんですね」

「講師から、『経営というのは、ゴールからの逆算のことを言うんですよ。経営をするってことは、ゴールが決まってるってことなんです。ゴールが決まっていて、現在地点からどうやったらそのゴールに辿り着くかってことを考えるのが経営なんです。先ほどの3つの質問に答えられないということは、ゴールが決まっていないってことだよね。行き先が決まっていない、ゴールが決まっていないのに、必死に走っても漕いでも、そもそもどこに行くかって話なんです。それって、道に迷ってますよね。道に迷ってる人ですよね。行き先が決まってないのに、一生懸命、ただ走っているわけですから』というふうに言われて、そのときに自分の20代って完全に目的もなくただ走っていたというか、その日の作業に明け暮れていただけだったんだ、だから何も変わらない10年を過ごしちゃったのかなって改めて思いました。そして、農家から農業経営者にならなきゃダメなんだっていうことを初めて考えました」

いかがですか、このエピソード。経営の勉強、そして、ゴールからの逆算で農業をすることの大切さをご理解していただいたでしょうか。

この経営勉強会には、他の農家も多数出席していたようです。でも、講師の話を聞いて、「経営することが大事なんだ」と行動に移した農家は少なかったとおっしゃっていました。

あなたがどちらの道を進むかは、あなた自身の選択です。

まとめ

**金持ち農家はゴールを決めてそこに向かって進んでいる**

## 金持ち農家の口癖は「どうすればできる」
## 貧乏農家の口癖は「なぜできない」

仕事柄、多くの農家さんと飲みに行く機会もありますし、経営の相談を受けることもあります。かつてJAで働いていましたので、多くの農家とお付き合いをしてきました。きっと、私がお付き合いしてきた農家の中には、金持ち農家もいれば、そうでない方もいらっしゃったと思います。

あるとき、ふと気がついたことがあります。それは、農家の口癖です。付き合う農家や農家グループによって、言葉に違いがあることに気がついたんですね。それから、飲み会や経営相談などで農家がどんな言葉を使っているのか、さらに注意して聞くようにしています。

今回はその結果をお伝えしたいと思います。

## 「できない理由をすぐに言う」

経営相談でアドバイスをすると、貧乏農家からは反射的に「できない理由」が口をついて出てきます。忙しい・時間がない・人が足りない・難しい・能力がない……などなど。もちろん、提案したアドバイスがすべて可能とは限りません。でも反射的に「できない理由」が出てくるのは、アドバイスに対して「できない理由」を考える癖がついているのだと思います。

一方で**金持ち農家は、「やります」と肯定的な回答をする人が多い**です。また、そのアドバイスが実行できそうもないときも、一度、自分の中で「どうやったらできるのか」を考えて、その上で、「○○○という理由でできそうにないのですが」とできない理由も明確にした上で回答します。この場合は、できない理由を違う角度から解決できないか、次の議論、対策に移ることができますので建設的な話に進みます。

## 「数字で答えられない」

これは口癖とは違うかもしれませんが、とても大事なことなのです。経営相談をしているときに、現状を把握するためにあれこれ聞きます。売上とか経費の構成とか、農地面積とか反収、秀品率、単価などなど。金持ち農家は、スラスラと数字で回答をしてくれるのですが、貧乏農家はほとんど数字を覚えていないのです。だから、数字が出てこない。あと、金持ち農家は、すぐに計算します。暗算もするし、スマホの計算機を使っても計算します。

あるとき、売上3億円を超える金持ち農家から、新しい作物を導入したいということで相談に乗ったことがあります。その場で売上から経費、人件費まですぐに計算して、導入して利益が出る見込みがあるかどうかを算出していました。そのくらい、数字を大事にするのが金持ち農家で、数字を重要視していないのが貧乏農家なのです。

## 「無意識に人のせいにしている」

経営相談で意外と厄介なのが、この手の農家です。本人は一生懸命だし、考えているつもりなんですが、自分ではなく、周りを変えることで経営が良くなると無意識に考えてしまっています。大切なことは、**周りに変わってもらうために、自分が変わること**なのです。

一方で、金持ち農家は、自分が変わることで周りも変わることを知っているので、まずは自分から変わろうとします。自分のことなので、すぐにでも実行できます。だから行動も早いし結果が出るのも早いのです。

ここまで経営相談時の口癖を解説しましたが、一番気をつけないといけないのは飲み会など農家の集まりでの口癖です。ＪＡ時代に会議後の懇親会などにも多く参加してきましたし、また今でも農家との懇親会などがあります。飲み会での金持ち農家の会話とそうでない農家の会話では何が違うのかを解説します。

ＪＡ時代の飲み会での会話は、すべてとは言いませんが、「農業はいかに儲からないか」に終始していた気がします。天候が悪い、相場が悪い、政府の方針が悪い、ＪＡのやり方が悪い、補助金が少ないなどなど、愚痴、泣き言、悪口、文句のオンパレードでした。

ある農家は、農家仲間の口癖に対してこのように話してくれました。

「みんな愚痴ばっかり言うからダメなんですよ。愚痴や不平不満ばっかり言うので、そういうマインドになってしまっている気がしますね。私自身は、愚痴や不平不満だらけの輪の中には入りたくないと思って距離を取っています」

心当たりのある方は多いのではないでしょうか。

一方で、農業経営コンサルタントとして独立してからは、私の情報を能動的に受け取った人たちとの関わり合いになります。つまり、自分の手で農業経営をもっと良くしたいと私を見つけてくれて、そして情報を受け取り続けてくれている人たちです。

そんな人たちとの飲み会・懇親会では、「どうやったらもっと自分の農業経営が良くなるのか」という前向きな会話しか出てきません。そのことに対して、お互いに自分のやってきたこと、持っている情報を惜しみなく提供しているのです。ときには、その場でお互いの畑の視察の段取りなども始まったりします。この文章を読みながら「ギクリ」とした人は、最近の飲み会でどんな話をしたのかを思い出してみてください。

金持ち農家の集まりとそうでない人たちの集まりでは、「話している内容」が全く違うことに気がついたときに「自分の周りの5人を平均すると自分になる」という言葉を思い出しました。まさしく、その通りだなと。

最後に、日本を代表する経営コンサルタントである大前研一氏の「人間が変わる方法は3つしかない」という話をお伝えします。

1番目は、時間配分を変える
2番目は、住む場所を変える
3番目は、付き合う人を変える

農家は住む場所を変えることは難しいので、ぜひ、「時間配分を変える」と「付き合う人を変える」を実行してみてください。

けっして、愚痴や泣き言が多い人のそばにいないこと。そして「農業は儲からない」と言う人のそばにいないことです。

まとめ

**金持ち農家はいつも前向きな言葉を口癖にしている**

# おわりに

最後までお読みいただきありがとうございます。

農家は儲からないと言われます。しかし、少なくとも私の周りにいる農家は儲からないとは言わないし、農業を辞めたいとも言いません。もちろん、すべてがうまくいくことだけではないし、それなりに悩みも持っていることでしょう。それでも農業を選んだことに誇りを持ち、希望を持って農業経営をしています。


この本は、多くの農家との交流から生まれました。とくに、私が主宰する「儲かる農家のオンラインスクール」のメンバーには、たくさんの経験と知恵を提供してもらいました。その助けがなければこの本は完成しませんでした。

私の役割は、ちょっとした成功の秘訣を農家に気づいてもらうことです。ほんの少し経営に対する考え方とか、困ったときの対処法とか、痒いところに手が届くようなそんな存在であればいいと考えています。

この本はけっして派手な内容ではなかったと思います。でも、金持ち農家は派手ではない、日常の中で大切なことを愚直に実行しているのです。マスコミなどに取り上げられる有名農家もたくさんいますが、それ以上に、日本にはたくさんの金持ち農家がいます。意外と、有名農家よりも実直で確かな経営をしている方も多くいます。

そして、農業経営は2~3年で大きく変わることが可能です。今、うまくいっていなくても、2~3年あれば経営を軌道に乗せることが可能になります。小さなきっかけが大きな飛躍のもとになるのです。そして、この本に書いてあることで、その小さなきっかけを掴んでいただけると幸いです。

そのためにも大切なことは、この本に書かれている金持ち農家の行動や考え方を何かひとつでも真似て実践してみてください。今と同じ行動、時間の使い方をしていては、何も変わりません。変わっていくことは、行動と時間の使い方を変えることなのです。

これから農業を始めたいとこの本を手に取った方は、1日もしくは1週間の中で農業に触れる時間を増やすことを心がけてください。それは専門の書籍を読むことでもいいし、週末などに実際に農家の現場に行くことでもいいでしょう。有休を使って、農業をしたい場所の市町村に相談に行ってもいいです。想いを行動に変えることをしなければいつまでも農業を始めることはできません。

ある農家がこのように語ってくれたことがあります。

「人生は短い。あっと言う間に過ぎていきます。だから、僕はやりたいことはすぐにやろうと思っているし、やりたいことがあれば、全部やってみようと思っているんです。」と。

私のやりたいことは、多くの農家の助けになること。私の情報を受け取ってくれる人がいる限り、この活動を続けていきます。ひとりでも多くの農家を金持ち農家にすることで、日本の農業業界を変えていきたいと考えています。

高津佐和宏

【著者紹介】

## 高津佐　和宏（こうつさ・かずひろ）

◉――合同会社アグリビジネスパートナーズ代表社員。農業経営コンサルタント。農業経営を学び続ける有料オンラインスクール「儲かる農家のオンラインスクール」主宰。

◉――1979年、宮崎県小林市に3人兄弟の長男として生まれる。実家は父の代から始めた花卉（菊が中心）農家。宮崎県内の農業高校、宮崎大学農学部、宮崎大学大学院修士課程を修了後、経営の側面から農業を勉強するために、JA宮崎経済連に就職する。農業機械部門、マーケティング担当、業務加工用野菜の営業、大阪営業所勤務を経て、「冷凍野菜工場の立ち上げの準備室」へ配属。子会社を設立し、工場建設のための補助金申請、融資の段取りなどを行う。その後、工場でカット野菜事業を新規で立ち上げたことで、カット野菜の全部門（原料調達から販売）と冷凍野菜の製造部門を統括する。激務に身体を壊しつつも、カット野菜部門は3年で4億円の売上となり、冷凍野菜の売上も伸び、工場（会社）で15億円の売上と黒字化に成功。

◉――農業経営コンサルタントとして2018年4月に独立。独立後は、農家を直接支援するために、YouTube（1万人超）、X（旧Twitter）（4800人）、Facebook、Instagramなどで「儲かる農家になるための情報」を発信しながら、講演・セミナー活動、個別コンサルなどを行っている。主宰する「儲かる農家のオンラインスクール」には全国250名（2024年7月時点）の有料会員が在籍している。また、2022年1月からは新規就農者を対象として「農業始めたい人の学校」を講師3名体制でスタート。本書が初の著書。


## 金《かね》持《も》ち農家《のうか》、貧乏農家《びんぼうのうか》

2024年10月7日　第1刷発行
2025年5月28日　第7刷発行

著　者――高津佐　和宏
発行者――齊藤　龍男
発行所――株式会社かんき出版
東京都千代田区麴町4-1-4 西脇ビル　〒102-0083
電話　営業部：03(3262)8011㈹　編集部：03(3262)8012㈹
FAX　03(3234)4421　振替　00100-2-62304
https://kanki-pub.co.jp/

印刷所――シナノ書籍印刷株式会社



ISBN978-4-7612-7761-1 C0030